全国水产技术推广体系

QUANGUO SHUICHAN JISHU
TUIGUANG TIXI FAZHAN BAOGAO

发展报告

2007—2016

全国水产技术推广总站　编

中国农业出版社
北京

为贯彻落实党的十九大精神，大力推进水产绿色发展，提高水产品质量安全，拓宽农民增收渠道，提高水产技术推广服务水平，推动水产技术推广体系建设与改革创新，提升推广机构运行活力，激发水产技术推广人员创新激情，全国水产技术推广总站组织编写了《全国水产技术推广体系发展报告 2007—2016》一书。

本书梳理了 2007 年以来全国水产技术推广体系的发展历程，收集整理了相关资料，内容包括全国水产推广技术体系发展综述、水产技术推广典型案例、全国水产技术推广总站推广示范的八类模式、2007—2016 年全国水产技术推广体系情况分析、各地取得的技术成果及获奖项目等。本书内容全面、翔实，可供各级水产行政主管部门和水产技术推广人员参考。

诸多长期从事水产技术推广体系建设工作的一线人员和专家为本书的编写付出了辛勤劳动，在此表示诚挚的感谢！由于编者水平有限，信息获取也存在一定局限性，加之时间仓促，不足之处敬请广大读者批评指正。

编　者

2017 年 12 月

CONTENTS | 目录

第四部分　2007—2016年全国水产技术推广体系情况分析

第五部分　各地取得的技术成果及获奖项目

附录　中央与地方有关文件和法规

01

第一部分　全国水产技术推广体系发展综述

一、我国水产技术推广体系发展背景

水产技术推广体系是农业技术推广体系的重要组成部分，是实施科教兴渔战略的重要载体。要将水产科技成果快速转化为现实生产力，提高水产养殖生产效率，就必须要有一个运转高效的水产技术推广体系，它扮演着将水产技术信息传递给渔（农）民的重要角色。

中华人民共和国成立以来，我国水产技术推广体系随着水产业的发展而不断壮大，特别是 1985 年中央 1 号文件取消水产品统购统派政策，全面放开市场价格以来，水产养殖业迎来飞速发展，全国水产技术推广体系也得到快速发展。1992 年，农业部、人事部联合颁发了《乡镇农业技术推广机构人员编制标准》，明确乡（镇）要建立农技、畜牧兽医、农机、水产、经管五站，实行农技员"三定"（定岗、定编、定员）。这一标准成为稳定充实乡镇推广队伍的政策依据。1993 年 7 月，《中华人民共和国农业技术推广法》正式颁布，标志着我国农业技术推广工作开始走向法治轨道。

1993 年《中华人民共和国农业技术推广法》明确了农业技术推广职责：①参与制订农业技术推广计划并组织实施；②组织农业技术的专业培训；③提供农业技术、信息服务；④对确定推广的农业技术进行试验、示范；⑤指导下级农业技术推广机构、群众性科技组织和农民技术人员的农业技术推广活动。2006 年，《国务院关于深化改革加强基层农业技术推广体系建设的意见》（国发〔2006〕30 号）确立了改革基层农业技术推广体系的指导思想、基本原则和总体目标，明确了其公益性职能。基层农业技术推广机构承担的公益性职能主要是：关键技术的引进、试验、示范，农作物和林木病虫害、动物疫病及农业灾害的监测、预报、防治和处置，农产品生产过程中的质量安全检测、监测和强制性检验，农业资源、森林资源、农业生态环境和农业投入品使用监测，水资源管理和防汛抗旱技术服务，农业公共信息和培训教育服务等。

2012 年新修正的《中华人民共和国农业技术推广法》确定了国家农业技术推广机构职责：①各级人民政府确定的关键农业技术的引进、试验、示范；②植物病虫害、动物疫病及农业灾害的监测、预报和预防；③农产品生产过程中的检验、检测、监测咨询技术服务；④农业资源、森林资源、农业生态安全和农业投入品使用的监测服务；⑤水资源管理、防汛抗旱和农田水利建设技术服务；⑥农业公共信息和农业技术宣传教育、培训服务；⑦法律、法规规定的其他职责。随着相关法律法规的不断完善，我国构建了较为完整的水产技术推广体系。

二、水产技术推广体系发展现状

截至 2016 年年底，全国水产技术推广机构共有 13 463 个，由国家级、省级、市级、县级、乡级组成五级机构，已覆盖全国范围。全国现有水产技术推广人员 37 615 人。高、中级技术人员比例由 2006 年的 23% 提高到 2016 年的 35%，本科以上文化水平人员比例从 2006 年的 13% 提高到 2016 年的 29%；经费保障从 2006 年 6.8 亿元提高到 2016 年 28.9 亿元。2016 年全国水产技术推广机构共有示范基地 4 192 个；办公用房面积为 515 578 米^2，人均面积 13.7 米^2；培训教室 1 493 个；实验室 2 335 个；信息网站 4 257 个；手机平台 60 859 个；电话热线 56 961 条；技术简报 2 369 个；基本形成有人员、有机构、有经费、有基地、有办公场所、有服务设施等的完善的水产技术推广体系。

（一）改革促进水产技术推广体系发展壮大

2003 年农业部、中央编办、科技部、财政部《关于印发基层农技推广体系改革试点工作意见的通知》提出逐步将国家农技推广机构承担的经营性服务分离出去，按市场化方式运行。据此，在全国范围内启动了基层农技推广体系改革点。在推广机构的设置上，部分地区提出了建立区域站的思路，将跨乡镇推广机构适当合并成服务 2 个以上乡镇的农技推广区域站。同时，全面推进了国家农技推广机构的改革，发展多元化的农技服务组织，创新农技推广的体制和机制。国家的农技推广机构要"有所为，有所不为"，确保公益性职能的履行，逐步退出经营性服务领域；要通过政策扶持，为科研单位、大专院校、农民合作组织、农业产业化龙头企业等开展为农服务营造良好的环境；要逐步形成国家兴办与国家扶持相结合，无偿服务与有偿服务相结合的新型农技推广体系。2006 年《国务院关于深化改革加强基层农业技术推广体系建设的意见》（国发〔2006〕30 号）提出围绕实施科教兴农战略和提高农业综合生产能力，在深化改革中增活力，在创新机制中求发展。按照强化公益性职能、放活经营性服务的要求，加大基层农业技术推广体系改革力度，合理布局国家基层农业技术推广机构，有效发挥其主导和带动作用。充分调动社会力量参与农业技术推广活动，为农业农村经济全面发展提供有效服务和技术支撑。

着眼于新阶段农业农村经济发展的需要，通过明确职能、理顺体制、优化布局、精简人员、充实一线、创新机制等一系列改革，逐步构建起以国家农业技术推广机构为主导，农村合作经济组织为基础，农业科研、教育等单位和涉农企业广泛参与，分工协作、服务到位、充满活力的多元化基层农业技术推广体系。

1. 机构建设

从中央到乡镇形成了五级结构的国家水产技术推广体系网络，并依法明确了水产技术推广机构为公共服务机构。目前，水产技术推广主体为公益一类事业单位。根据《中华人民共和国农业技术推广法》公益性职责要求，通过编办核定、法律法规规定、委托授权等方式，明确并细化了水产技术推广机构的公益性职责，科学核定了人员编制。县级推广机构专业技术岗位占总量的比例大幅上升，乡镇推广机构的岗位基础按照专业技术岗位设置。

2. 队伍建设

建立了一支国家水产技术机构队伍，队伍综合素质不断提高；培养出一批中高级专业技术人才，在推广人员专业水平不断提升的同时，加强了推广骨干队伍建设，建立了以国家水产技术推广人员为主体、具有较高集成创新和推广示范能力的推广骨干队伍。探索建立了科技示范户、村级渔民技术员等队伍。

3. 制度建设

一是落实了人员聘用制度，科学合理地设置了推广人员的上岗条件和聘用办法。通过公开招聘、竞争上岗、择优聘用等方式，选拔优秀专业技术人员进入水产技术推广队伍。二是落实了责任渔技制度，明确了推广人员的服务区域、服务对象和服务内容，量化工作指标，建立健全县级推广首席专家、渔技指导员、责任渔技员队伍。三是落实了工作考评制度。组织开展服务对象、业务主管部门、当地政府等多方参与的工作考核；建立了绩效考评和工作激励制度，农技人员的工资报酬、晋职晋级、业务培训等与考核结果挂钩。四是落实了人员培训制度，制订了培训计划，开展多层次、多形式的培训，逐步建立了推广人员轮训制度。探索了知识更新培训与学历继续教育相结合、培训教育与职称评聘相衔接的培训长效机制。

4. 经费保障和条件建设

一是落实人员待遇，推广人员待遇与其他事业单位人员待遇相衔接；有条件的地区，积极落实了推广人员绩效工资制度和乡镇推广人员工资上浮政策。二是工作经费保障得到提高，许多单位落实了水产技术推广专项资金，渔业重点地区参与了基层农技推广体系改革与建设补助项目。三是改善了工作条件，基层推广机构达到了有独立办公场所、有实验室、有培训教室、有示范基地、有信息和交通服务工具的"五有站"标准。

5. 水产技术推广服务

一是开展公益性技术服务，开展了多种形式的水产健康养殖技术示范推广服务，为广大渔民和主管部门提供了有效的公共服务。在绿色健康养殖、水产养殖良种化、水产品质量安全、水生动物疫病防控等技术服务方面取得显著成效。二是引导了社会化推广服务，联合科研教育机构、新型经营主体等多元推广主体，组建产业联盟，构建技术服务平台。逐步建立起了多元推广机制，促进了以国家水产技术推广体系为主导、覆盖全程、综合配套、便捷高效、多元参与的渔业社会化服务体系的发展。三是加强了渔业实用人才培养，加大了先进实用技术普及培训，培养出一批新型职业渔民，着力培养了"双师型"技术人才。四是创新了服务方式，以多种手段灵活开展技术推广服务。充分利用现代信息技术，创新推广服务方式，提升服务质量和效率。五是加大了渔业相关法律法规的宣传，组织开展了多种形式的渔业法律法规宣传活动，推进依法养殖，促进绿色健康养殖的发展。

（二）切实履行技术推广职责，全面实施重大水产技术示范推广

1. 大力推进健康养殖技术示范推广

一是各地按照发展水产健康养殖的要求，积极开展节能减排、生态健康新技术、新模式的集成示范，取得了可喜成绩。池塘养殖亩①均节约成本 400 元左右，节水 30%～70%，节电 30%，减少用药 60%。二是"以渔促稻、稳粮增效、质量安全、生态环保"的新型稻渔综合种养快速发展。全国稻田综合种养面积达 1 000 万亩以上，创造出多种种养模式，形成"亩千斤稻百斤鱼"稻鱼双丰收的局面。三是各级水产技术推广部门以主导品种和主推技术为抓手，结合当地实际，开展了先进适用的健康养殖技术、良种良法，并开展了到场入户的示范推广工作，推动了品种与模式特色鲜明的水产养殖产业格局的形成。

2. 水产养殖病害监测、预报和疫情防控工作进一步加强

一是水产养殖病害测报、预报进一步规范、科学。制定了《水产养殖动植物病情测报规范》，开发应用了"全国水产养殖动植物病情测报信息系统"，规范了测报方法，提高了测报水平。目前全国设置测报点 4 200 余个，测报人员 8 000 余名，测报面积约 430 万亩，约占全国水产养殖面积的 3.6%，监测到发病养殖种类 73 种、疾病 82 种。形成了省市在主要生产季节每月开展水产养殖病害预警预报，定期发布全国水产养殖病害预警预报，指导养殖渔民科学有效地开展水产养殖病害防控。二是重大水生动物疫病专项监测工作稳步开展。目前对 8 种水生生物重大疫病进行了专项监测，对 8 种疫病病原分布情况和流行情况进行了分析和研判，发布了《我国水生动物重要疫病病情分析》和《中国水生动物卫生状况报告》。三是突发疫情处置能力提高。2015 年湖北省仙桃市斑点叉尾鮰肠道败血症疫情和安徽省泾县鮰海豚链球菌病疫情发生，及时组织专家妥善处置并指导养殖户对病死鱼进行了无害化处理，避免了疫情的进一步扩大。

3. 水产养殖质量安全技术指导和服务能力得到提升

一是"水产养殖质量安全服务信息系统"试点不断扩大。全国已有 19 省（自治区、直辖市）的 5 500 多家企业应用了"水产养殖质量安全服务信息系统"，建立了苗种质量管理、投入品质量管理、水产品质量追溯等制度，总监控面积 72 万亩，监控养殖种类 40 多种，上传信息 50 余万条，为养殖业健康发展做出了贡献，也为今后开展养殖水产品质量监控技术服务奠定了基础。二是继续推进"水产养殖规范用药科普下乡"活动。该活动自 2009 年起被农业部列为"为农民办实事"之一，每年组织多批次专家深入基层和生产一线开展培训指导，发放《水产养殖用药指南》等资料，受到广大渔民欢迎。通过活动和宣传使渔民的渔药基础知识与用药技能不断提高。三是水产养殖质量安全技术服务工作不断深入。开展了"水产养殖动物主要致病菌药物敏感性普查"，这项工作将对我国水产养殖动物疾病的正确诊断、准确选药、精准用药起到重要的推动作用。

4. 渔业公共信息服务不断创新

一是深入开展了水生动物疾病远程辅助诊断服务，目前建立了"全国水生动物疾病远

---

① 亩为非法定计量单位，1 亩≈667 米²，下同。

程辅助诊断服务网"（以下简称"远诊网"），建设了 36 个省级会诊平台。目前"远诊网"用户终端达到 1 942 个，覆盖全国 30 个省（自治区、直辖市）的近 2 000 个市、县。"远诊网"的全面铺开丰富了基层"毛细血管"，解决了服务"最后一公里"的难题，让更多的养殖渔民从中受益。二是开展了渔情信息采集工作，优化了软件系统，强化了渔情数据的审核、分析和利用，各类渔情分析报告为渔业行政主管部门把握渔业生产形势提供了坚实的依据。三是组织实施了渔业物联网项目，制定了河蟹、对虾产业化智慧服务示范平台建设方案，完成了相关系统和设备的研发，试运行了"智慧水产云服务平台"系统，取得了良好效果。

5. 渔民技术培训工作有声有色

为提高广大渔民健康养殖技能，各级水产技术推广部门结合示范推广项目、科技入户、专家下乡等活动开展了内容丰富、形式多样的培训。

（三）努力发挥体系优势，拓展职能，服务现代渔业管理

全国水产技术推广体系围绕渔业中心工作，努力发挥自身的体系优势和技术优势，主动承担技术咨询和服务工作，为现代渔业渔政管理提供了有力的技术支撑。

1. 开展水生生物资源养护服务工作

在不断强化生态文明建设的大好形势下，各级水产技术推广部门主动作为，不断拓展水生生物资源养护服务工作领域。一是在水生生物增殖放流和海洋牧场建设方面，支撑服务力度不断加大。开展了增殖放流基础数据统计研究和增殖放流供苗单位信息统计分析工作。福建、天津、安徽等省（直辖市）承担了增殖放流鱼苗全过程管理、鱼苗检测等工作，为放流安全提供了基础保障。宁波、深圳等市水产技术推广机构积极参与当地海洋牧场、人工鱼礁建设，为生态修复提供了技术支撑。二是在渔业环境监测方面的服务不断深入。青海省在开展省内重点渔业水域环境监测、水利水电工程水生生物监测和环境影响评价的同时，积极开展养殖水体环境健康状况评估，对龙羊峡、李家峡等水库养殖容量进行了基础调查，完成了各水库网箱养殖容量的测算，提出了龙羊峡至积石峡段各水库网箱养殖控制性容量指标指导意见。河南、大连等省市加强了种质资源保护区等水域的环境监测。

2. 开展现代水产种业建设服务

一是积极参与水产新品种审定和培育创新，水产新品种审定服务工作进一步规范。组织审定水产新品种，组织编发了《〈水产新品种审定技术规范〉释义与申报材料编制指南》。浙江省水产技术推广总站主持省水产新品种选育重大科技专项并取得显著成效，在提升该省育种水平和能力、驱动产业发展等方面获得了省主管部门的充分肯定。浙江省水产技术推广总站培育的中华鳖"浙新花鳖"、江西省水产技术推广站培育的赣昌鲤鲫、上海市水产技术推广站参与培育的中华绒螯蟹"江海 21"等通过了新品种的审定。二是积极开展水产原良种体系建设指导服务。积极参与组织家国家级原良种场的验收、复查工作，结合相关工作组织专家到原良种场进行现场指导。广西壮族自治区水产技术推广总站加强了良种体系建设的指导，开展了区级场的验收、复查工作。三是积极示范推广水产新品种。利用《中国水产》杂志和网站等传统和现代传媒宣传水产新品种。各级水产技术推

广部门结合健康养殖示范项目开展水产新品种示范推广，有力地促进了水产养殖良种化。

3. 积极参与休闲渔业和新农村建设服务

一是积极开展休闲渔业领域服务工作。全国水产技术推广系统积极参与休闲渔业示范基地的评定工作，起草了全国休闲渔业发展情况调查报告，摸清了我国休闲渔业的发展现状。全国各地发展休闲渔业的积极性空前高涨，将其视为渔业转方式调结构的重要途径。各地围绕休闲渔业开展了丰富多彩的渔文化活动。北京、广西开展了"观赏鱼进社区"活动、儿童观赏鱼陶艺大赛、"庆'六一'娱乐嘉年华"活动、锦鲤大赛、东盟钓鱼大赛等，并积极指导地方在现代农业示范区中建设休闲渔业基地。二是积极参与新农村建设服务，为乡村渔业产业发展提供技术支撑和人才培养。

三、目前我国水产技术推广存在的问题

经过各地政府部门多方努力，水产技术推广体系得到长足的发展，但与产业经济发展和社会需求仍存在很大的差距，主要表现在以下几个方面：

（一）推广队伍老龄化问题突出

截至 2016 年年底，全国省（自治区、直辖市）、市、县、乡（区域）水产技术推广机构人员 35 岁以下 6 951 人，占总人数的 18.48%；36～49 岁 21 111 人，占总人数的 56.12%；50 岁以上 9 553 人；占总人数的 25.40%。全国省（自治区、直辖市）、市、县、乡（区域）水产技术推广机构人员中男性 27 355 人，占总人数的 72.72%，女性 10 260 人，占总人数的 27.28%，男性人员数是女性人员数的 2.7 倍。从年龄构成看，50 岁以上人数较 35 岁以下人数偏多，形成了推广人员队伍平均年龄偏大的格局。很多地方受财力、编制限制，尤其是乡镇推广机构，从 2000 年以后基本没有招录新人。因乡镇推广单位的工作条件、工资待遇、发展前途等客观条件限制，许多农业院校毕业生到乡镇推广单位工作的意愿不强，出现有招无应的冷场情况；还有少数单位即使招录了农业院校毕业生，往往因为同样的原因而留不住人才。

（二）基层推广机构工作经费及待遇落实没有全部到位

乡镇推广机构既要承担多方面的公益职能，又要完成乡镇布置的中心工作和突击性工作，面临工作内容多等问题。虽然通过实施农技推广改革与建设补助项目及其他农业项目，解决了一部分与实施工作相关的费用，但整个推广工作缺乏经费的难题困扰着乡镇推广机构。许多地方的推广人员有心干事，却又无力干事，陷入两难境地。不少地方在推广人员的基本工资待遇、职称岗位设置及聘任、评先评优、绩效工资和目标奖兑现、"三险一金"按标准缴纳、公休假制度落实等方面或多或少地存在问题，并具有普遍性。

（三）科技示范户示范和带动作用发挥不足

在农技推广改革与建设补助项目实施的过程中，科技示范户的示范和带动作用发挥不足。究其原因，主要有三个方面：一是科技示范户的数量过多，在示范户的遴选上存在形式化，精准性、针对性差的问题；二是对科技示范户的物化补贴太少，难以调动示范户的积极性，且物化补贴资金使用过于分散，失去物化补贴的意义；三是科技示范户培育产生的典型不多，说服力不强。

（四）推广效率不高，激励机制没有落到实处

一是能力方面：推广部门人手普遍不足、年龄普遍老化、知识普遍陈旧，接触生产实

践和接受专业培训的机会很少，日常从事大量其他工作，在技术推广本职工作上能力明显不足，较少使用现代信息化等高效率的工作手段。二是活力方面：推广部门缺少有效的激励机制，现有的考核制度基本上流于形式，主要现有绩效工资发放体制和机制限制了激励机制发挥作用，一些县站主要负责人反映当前冗余繁杂的绩效考核只能疲于应付，不是长久之计。

四、我国水产技术推广改革创新和发展思路

（一）积极推进推广体系改革创新

在推广体系改革与建设的道路上，只有起点，没有终点，永远在路上。每年的中央1号文件都就农技推广工作作出要求，2017年的中央1号文件明确指出：创新公益性农技推广服务方式，引入项目管理机制，推行政府购买服务，支持各类社会力量广泛参与农业科技推广。2017年农业部开展了基层农技推广体系改革创新试点工作，就建立农技人员合理取酬新机制，增强农技推广服务活力，机构与经营性组织融合发展，以及农技人员与新型农业经营主体开展技术合作等进行体制机制的创新。各地可以在现有政策允许条件下，积极探索推广体系机制创新，强化绩效考评和队伍建设，培育农技推广服务新动能，健全"一主多元"新型推广体系，形成农技推广服务强大合力，不断提高推广服务效能。

（二）积极探索建立"一主多元"新型推广体系

引导多方参与社会化服务，建立产学研一体化的渔业技术推广联盟，支持水产技术推广人员与家庭渔场、渔业专业合作社、龙头企业开展技术合作。全面深化基层水产技术推广体系改革与建设，建立健全与渔业现代化建设相适应的推广体系。推广工作，尤其是基层水产技术推广工作，走在产业发展的最前沿，为产业发展提供技术支撑。其任务繁多，面广量大，条件艰苦，需要各级政府（尤其是基层党委政府）从促进推广可持续发展的高度出发，制定政策、落实政策、创造条件、营造氛围。

（三）履行好现有公益服务职能，不断拓展新领域

推广机构首先要认真履行好公益职能，坚持公益职能、创新工作机制、提升服务效能，更好地服务于产业发展和渔民需求。在做好技术集成与示范推广工作的同时，更要在产业产品结构优化、规模高效养殖业发展、水产品质量和食品安全监管、绿色生产方式推广、新产业新业态新经营主体培育和现代科技园区（基地）建设等方面发挥聪明才智和建功立业，体现新时代推广人员的风采。

（四）加强推广人员知识更新和培训工作

中共中央印发了《关于深化人才发展体制机制改革的意见》，强调"千秋基业，人才为要"。加强推广体系人才开发和培养，建立长期人才培养计划和机制。采取分层次、形式多样人才培训，大力推进"双师"人才培育，提高全体推广人员理论知识水平和实践操作能力，提升推广队伍服务效能。

（五）加强试验示范基地建设

科技试验示范基地作为新品种、新技术、新模式和新装备等展示的窗口，在加快科技成果转化，提高生产效益，促进渔民增收等方面发挥着重要作用。现在很多科技试验示范基地建在产业特色明显、设施齐全先进、建设规模较大的现代农业园区里，这种联办合办的方式，虽有一定的好处，但推广人员参与的程度不高。一些试验示范的内容不太切合产业发展实际，不完全具备可复制的示范推广作用。建设科技试验示范基地，把握的重点是科技试验示范，建设的主体应该是县乡两级公益性推广机构。推广人员应该成为基地建设的骨干力量，把科技试验示范基地建设资金用在刀刃上，做到县有科技试验示范基地，乡镇有科技试验示范田；关键渔时季节、关键技术节点，有品种给渔民看，有技术给渔民学。

（六）加快利用信息化服务手段，提高服务效率

目前，"三农"工作正在面临一场变革，农业供给侧结构性改革方兴未艾。与渔业密切相关的新产业、新业态不断涌现，以新型渔业经营主体为代表的渔业经营者对技术服务的要求越来越高。在利用传统手段抓好推广服务的同时，将现代信息技术应用到推广工作中去，如物联网技术、监测防控技术、相关平台手机 APP 应用、远程诊断技术等，在服务者与被服务者之间建立方便、快捷、互动的联系形式。

（七）加大新型渔业经营主体培育，促进产业规模化经营

贯彻落实中央《关于加快构建政策体系培育新型农业经营主体的意见》精神，引导新型渔业经营主体多元融合发展，支持发展规模适度的家庭渔场和养殖大户；引导新型渔业经营主体多路径提升规模经营水平，鼓励渔民按照依法自愿有偿原则，通过流转土地经营权，提升土地适度规模经营水平；引导新型渔业经营主体多模式完善利益分享机制；引导和支持新型渔业经营主体发展新产业新业态，扩大就业容量，吸纳渔农户脱贫致富；鼓励新型渔业经营主体以多种形式提高发展质量；鼓励家庭渔场采用规范的生产记录和财务收支记录，提升标准化生产和经营管理水平。

（八）支持市场化水产技术推广服务主体发展

支持市场化主体开展产前、产中、产后全程水产技术推广服务。引入项目管理机制，推行政府购买服务，通过公开招标、定向委托、后补助等方式，支持有资质的市场化主体从事可量化、易监管的公益性水产技术推广服务。将市场化主体的技术人员纳入农业序列专业技术职称评定范围，符合条件的可聘为技术指导员、村级渔技员等。

第二部分 水产技术推广典型案例

一、浙江省现代渔业技术推广体系建设情况

浙江是全国渔业大省，也是主要的水产养殖省份，综合生产能力居全国前列。2016年全省水产养殖产量 206.9 万吨，占渔业总产量 32.8%，产值 396.5 亿元，占渔业经济总产值 52.9%；相比于 1990 年养殖产量 37 万吨、产值 40.9 亿元，分别增加了 556.8% 和 969.4%。水产养殖业在保障全省水产品有效供给，促进渔业增效渔民增收，推动渔业经济持续健康发展中做出了突出贡献，是浙江省农业农村经济工作发展的一大亮点和重要增长点。

浙江省水产养殖近三十年来的发展，是全省渔业系统认真贯彻中央和省委省政府各项决策、狠抓落实的结果；同时也与全省各级水产技术推广部门长期以来勇于担当、锐意进取、干在实处密不可分。2003 年开始，在农业部全国水产技术推广总站的大力支持下，在浙江省委、省政府的高度重视和直接推动下，浙江省启动实施了水产技术推广体系的改革与建设工作。经过十五年的改革与建设，全省水产技术推广体系不断完善、工作机制不断创新，能力和手段明显提升，切实发挥了"示范推广、服务渔民、技术支撑"三大作用，成为促进渔业科技创新、渔民增产增收、渔业转型升级和供给侧结构性改革的"助推器"。

（一）主要做法

1. 大力推进体系改革，明确职能定位，全省推广体系不断完善

重点开展了基层推广体系改革、"四位一体"公共服务体系建设等工作，基本解决了推广体系机构定性、职能定位、人员定编和财政保障等体制性问题，全省推广体系得到不断加强和完善。

（1）全面开展基层推广体系改革

浙江省是全国较早开展基层推广体系改革和机制创新的省份。2003 年，浙江省杭州市余杭区作为全国唯一一个渔业行业试点区县，开展了基层水产技术推广体系改革的试点工作，为全省开展推广体系改革和建设积累了经验。2005 年浙江省政府出台了《关于改革和加强基层农业技术推广体系的通知》（浙政发〔2005〕32 号）文件，明确了机构设置与职能、人员核定与聘用、管理与考核制度、经费保障和社会保险待遇、社会化服务组织扶持等政策性意见，全面启动了县及县以下基层水产技术推广体系的改革和建设工作。同时，省财政专门安排 1.5 亿元资金用于乡镇农技人员的养老保险、医疗保险等问题。经过几年努力，全省水产推广体系明确了公益性事业机构性质、六大职能定位、推广人员定编等体制性问题，落实了财政保障经费，解决了基层渔技人员历史遗留问题，完成了"一个衔接"的政策要求。

（2）大力推进"四位一体"渔业公共服务体系建设

为适应新时期农业农村发展的需求，2009 年 12 月，浙江省政府出台印发了《关于加

强基层农业公共服务体系建设的意见》（浙政发〔2009〕80号），将建设集农技推广、动植物疫病防控、农产品质量监管"三位一体"的基层农业公共服务体系和事务作为农业农村工作的重点，浙江省机构编制委员会也配套印发了《关于乡镇农业公共服务机构设置和人员编制的实施意见》（浙编办发〔2010〕1号）。为此，浙江省结合渔业行业特点，提出了要"强化县一级、覆盖乡镇级"、建设"四位一体"渔业公共服务体系的工作思路，并结合水生防疫体系建设，在县级以上推广站建立了集技术推广、疫病防控、质量监管、环境监测"四位一体"的渔业公共服务机构；在乡镇农业综合性公共服务机构中，明确了渔技人员既要承担技术推广工作，还要承担水生动物疫病防控、水产品质量监管、渔业环境监测等职责。到2010年底，依托全省推广体系的"四位一体"渔业公共服务体系基本建成，并逐渐发挥作用。近几年，根据产业发展需要，把养殖保险服务、休闲渔业指导、信息化平台建设、水生态修复等列入工作范围，工作职能进一步拓展，实现了逐步向全方位支撑产业发展方向转变。

（3）积极争取获批一批推广和防疫机构

利用国务院和省政府加强农技推广体系建设的有利时机，积极指导各地争取机构牌子。"十一五"以来，全省陆续新增了富阳、鄞州、江山、龙游、东阳、武义等6个县级站，余杭、三门、临海、永嘉等县新建了一些区域站，省总站、8个市站、16个县站共25个推广站增挂了水生动物防疫检疫机构牌子，不少单位还因此增加1~4名事业编制，全省推广体系不断完善。到2016年年底，全省共有水产技术推广机构512个，其中省级站1个、地市级站11个、县级站79个、区域站7个、乡镇站414个，形成了以省站为龙头、市站为纽带、县站为主体、覆盖乡镇的四级水产技术推广体系。实有推广人员1 188人，其中技术人员占比80%。水产技术推广体系已成为浙江省渔业科技创新和公共服务的中坚力量。

2. 深化落实推广责任，推行规范管理，推广工作机制不断创新优化

2006年开始，浙江省先后开展了责任制落实、体系规范管理、示范站创建等工作，着力解决推广责任不落实、服务不优化、管理不规范等机制性问题，推广工作长效机制基本建立，服务方式得到优化。

（1）深化落实责任渔技推广制度

2006年以来，以省政府启动责任农技推广制度建设工作为契机，配套制订了《责任渔技推广人员的职位说明和考核办法》，并对各地"组织、责任、考核、培训、保障"五大体系落实情况进行督查，指导县乡两级落实责任渔技推广制度。建立了以首席专家为龙头、渔技指导员为骨干、责任渔技员为基础、社会化渔技推广人员为补充的四级联动新型农技推广队伍；制定了"组织＋群众＋服务对象"三级联动的考核机制和量化考核办法；确定了责任渔技人员年培训12天以上的培训制度；落实了责任渔技人员实施"短、平、快"示范推广项目的工作经费。至2009年，全省81个涉渔县（区）均建立了责任渔技推广制度，共聘用责任渔技人员1 364名。"十二五"期间，继续推行联村包户、责任到人的责任推广制度，重点强化了责任落实、绩效考核和责任渔技人员的继续教育，实现了"渔农民科技需求有人可找、渔技人员有事可干、推广工作有制度可依"的推广工作新局面，推广工作长效机制基本建立。

（2）大力推行体系规范管理

为加强体系的规范管理，推进群众满意站和示范站建设，浙江省站持续开展了体系规范管理建设指导和考核评优工作。2009 年至 2011 年，组织实施了以深化责任渔技推广制度、建立健全各项规章制度和建设整洁有序的站容站貌为主要内容的基层推广体系的规范管理工作，并把该项工作列入省政府对省局的二类考核目标和省局对各市局的考核内容，制订考核办法，每年组织考核表彰；全省 72 个县级站、62 个乡镇站实施了规范管理建设工作，基本建成了"工作制度逐步完善、岗位责任基本明确、运行渐趋规范"的新型推广工作机制，促进了基层满意站所建设和推广体系形象提升。2013 年起，根据全国推广示范站建设要求，制定了《浙江省基层水产技术推广示范站建设实施方案》，组织开展示范站创建工作。至 2015 年，共有温岭市等 11 个县级站被确定为全国基层水产技术推广示范站，占浙江省县级站比例的 13.6%。2017 年，通过制订市、县两级推广机构考评办法，对"十二五"以来各站的机构建设、队伍建设、能力建设、制度和经费保障、服务水平、创新工作等 6 个方面开展考评，并对考核优秀的 3 个市站、16 个县站以省局名义进行表彰奖励。以上工作的开展，发挥了"示范先行、区域带动、连续推进、整体发展"的作用，有力地推进了全省推广体系的规范管理，提升了依法履职的能力和公共服务水平。

（3）认真实施体系改革与建设补助项目

"十二五"期间，浙江省 45 个重点渔业县承担实施了农业部"基层渔技推广体系改革与建设补助"项目。在省局领导下，浙江省水产技术推广总站组建了由推广、科研院校专家组成的省级专家组，开展项目指导和督查。5 年来，项目县普遍建立起"专家团队＋渔技指导员＋试验示范基地＋科技示范户＋辐射带动户"的多级示范技术服务网络和"推广机构＋企业＋基地＋农户"的"1＋N"新型合作推广模式；公开公正地遴选和认定科技示范基地和示范户，并开展新品种、新技术、新模式的引进、试验、示范和推广。"十二五"期间，累计实施各类科研推广示范项目 5 358 个、建立示范户 27 770 户、面积 276 万亩；同时利用现代化工具，创新推广服务方式。如秀洲区的科普惠农服务平台、平湖市的"12316"惠农义工联盟水产服务小分队、衢江区的"初级水产品质量安全监管网"、玉环的"养民之家"和电子书屋建设，以及各地的水产技术微信群等，使渔技人员与农户联系更紧密，服务更接地气，有效地解决渔技推广"最后一公里"的难题，渔技推广服务活力和能力进一步增强。

3. 持续推进设施条件和人才队伍建设，履职尽责能力与服务水平大幅提升

围绕省政府"新五有站"建设要求，重点开展了体系实验能力、试验基地、设施设备等建设，强化了高学历人才引进和知识更新培训，大幅提升了履职尽责能力和服务水平。

（1）大力推进基础设施建设

根据省政府"有机构人员，有工作场所，有试验示范基地，有信息、交通、服务手段，有经费保障"新"五有站"建设要求，浙江省水产技术推广体系以实施水生动物防疫、质量安全监管、渔业环境监测等公共服务建设和推广体系改革与建设试点项目为契机，因地制宜开展了实验手段、服务场所的建设。"十一五"以来，浙江省持续开展了水生动物防疫实验室和信息系统建设，目前，依托全省推广体系建设了 59 个水生动物疫病

防控中心实验室，配备了 25 辆水生动物防疫检测车，远程实时诊断服务系统也已上线试运行。同时，还建设了 228 个试验示范基地、124 个培训教室，建设各类网站 73 个、手机平台 205 个、电话热线 330 条。省总站基础设施建设也大为改善，目前已建成 2 个自办基地、3 个合作基地，1 个综合实验室，2 个培训大楼，2 个部级中心，仪器设备总值达到6 000 余万元，总资产规模达到 2.3 亿元，具有开展模式技术创新、引种育种、防疫检疫、质量检测、环境监测、饲料研发、信息服务、培训鉴定等多项工作的能力，有力地促进了创新型、服务型、支撑型推广机构的建设。

（2）注重人才培养和队伍建设

人才队伍建设是水产推广体系建设的基础。为提高渔技推广队伍人员素质，提升基层渔技推广服务能力，各级推广机构通过培养、招聘等方式，吸收了一批具有硕士学历以上的年轻人才加入推广队伍，并重点加强了现有人员的知识更新培训和能力提升。目前全省推广队伍中，专业技术人员 950 人，占总数的 80%，其中中高级技术职称人数占 62.5%，硕士博士学历占 12.3%，年龄在 35 岁以下人员占总数的 30%，人员结构向知识化、专业化、年轻化方向快速发展。同时，推广人员的知识更新教育有序开展。"十二五"以来，超过 2 万人次推广人员参加相关业务培训，近千人次参加学历教育。在首届全国水产技术推广职业技能竞赛中浙江省代表队荣获团体三等奖，何中央荣获第五届全国优秀科技工作者称号，兰溪县站的梅新贵获得 2015 年度神内基金农技推广奖。省总站培训基地 2016 年培训专业技术人员 1 000 人次，获全省首批省级专业技术人员继续教育基地考核优秀单位。推广人员的服务能力和技术水平显著提高。

（3）推进建成实验室运行

为推进建成实验室运行，省总站连续两年组织 9 期、每期 15 天的实验室操作技术跟班。在此基础上，从 2013 年起，通过压任务、委托开展检测、组织参加能力比对等形式，促进检测能力提升，推进建成实验室的运行。目前，全省有 20 余个实验室已经正常运行。2016 年，浙江省组织了 13 个实验室参加省级对虾苗种疫病检测比对；20 个实验室参加农业部疫病检测能力测试，有 19 个实验室 58 个项目通过测试，是全国参加测试的单位最多、获得满意单位和满意项目最多的省份。

4. 建立联动推广工作机制，协同创新推广成效显著

通过制定"十二五""十三五"全省推广指导意见、年度工作要点和各专项工作方案，建立产学研推一体化"一主多元"科技服务团队，强化推广工作联动实施，引领带动全省推广体系，共同做好"推广示范、公共服务、管理支撑"三大工作，有力地促进了产业发展。

（1）集成创新和示范推广健康养殖技术，促进渔业转型升级

2008 年以来，以省局名义发布 22 个主推品种和 30 余项主推模式与技术，组织联合推广行动，年推广主推品种和技术 130 万亩以上，年增效益 6 亿元。集成创新了稻渔综合种养、新型设施养殖、池塘多品种混养、循环流水养殖、配合饲料替代应用等多项健康养殖模式和技术，其中稻鳖共生、虾鳖混养、中华鳖"两段法"等被称为浙江特色的模式与技术。主持实施了浙江省水产种业工程和"十二五"省水产新品种育种专项，育成了 8 个新品种，促进了养殖产业的技术进步和转型升级。

（2）做好渔民培训和公共信息服务，培养和服务新型渔业主体

围绕渔民素质和能力提升需要，每年组织渔民素质培训 6 万人次，实施职业技能鉴定 1 000 余人次，探索开展渔业职业经理人、渔民电商等培训，培养新型职业渔民。组织 16 个县 74 个采集点开展养殖渔情信息采集，分析养殖生产形势，指导渔业生产。同时，全省有 30 余个县站参与水产养殖互助保险技术服务工作，为抵御风险、促进增收提供支撑。

（3）强化渔业三大安全管理支撑，保障渔业健康可持续发展

在 70 余个县设立 400 余个监测点，对 20 余个品种开展病害监测与预报，同时开展对虾苗种疫病普查和无规定疫病苗种场建设试点、主要养殖品种重大疫病监控及流行病学调查、水产养殖规范用药指导和病原菌耐药性普查等工作，有效减少了疫病发生和经济损失。承担了大量水产品质量安全抽样检测和渔业环境业务化监测任务；开展了水产品质量安全风险评估；建设了浙江省水产质量安全网；启动了典型养殖模式尾水监测与处理技术集成示范，为质量安全监管和渔业生态保护提供技术支撑。

（二）存在的主要问题

1. 推广工作任务重与人员力量不足的矛盾较为突出

随着渔业供给侧结构性调整，水产技术推广工作要深化防疫检疫、质量检测、环境监测等职责，拓展水生态修复、资源养护、休闲渔业等相关领域技术服务，实现全过程、全产业链服务转变。然而，当前浙江省水产技术推广机构人员配备严重不足，部分地方推广人员被借用混岗现象还是比较普遍。人员配备不足，加上工作任务重、技术要求高，导致部分工作未能深入开展，一些建成的实验室未能实质性运作。

2. 高校、科研院所灵活的科技成果转化新政与公益性推广工作的矛盾进一步显现

随着国务院《实施〈中华人民共和国促进科技成果转化法〉若干规定》的颁布实施，高校、科研院所参与科技成果转化的政策变得非常宽松，而公益性推广机构从事推广工作的相关激励政策未能明确。这必将影响公益性推广机构的技术成果来源以及推广人员的工作积极性，推广工作的地位和作用会受到冲击。迫切需要研究出台相关政策，建立容错机制，开展改革创新试点，让推广人员也能享受与高校、科研院所同等的科技成果转化效益的分配政策。

3. 合力推进推广工作有待进一步加强

尽管浙江省已组织多年联合推广行动，2016 年起又组建了配合饲料替代应用、池塘循环流水养殖、新品种育种创新、水产品质量安全、水生动物疫病防控等五大"产、学、研、推"一体化的科技服务团队，并取得初步成效。但部分团队由于缺乏有效抓手，上下联系还不够紧密，未能发挥更大的作用。

（三）今后工作思路

进入"十三五"，浙江省水产技术推广系统将围绕"深化供给侧结构性改革"这一主线，坚持创新引领，继续在体制机制创新上狠下功夫，做好"推广示范、主体培育、管理支持"三篇文章，促进推广工作再上新台阶，为推动浙江渔业转型升级提供全方位的技术支撑。重点做好以下四个方面：

1. 挖掘潜力

强调产学研推结合，树立"大推广"理念，以任务导向、规范运行为支撑，组建和运行好产学研推一体化科技服务团队，构建"一主多元"渔技推广新格局，增强技术推广供给；同时要紧扣环境保护、绿色发展、一二三产业融合等渔业发展新需求，不断调整业务职能重点，拓宽工作范围，寻求新的业务增长点和亮点。

2. 激发活力

进一步落实分片包干责任推广制度，强化岗位责任、目标考核，完善绩效评价机制。建立分级分类培训计划，探索开设网络课堂，加强实操演练，开展技能大赛、能力测试比对，提升推广人员的业务能力，推进建成实验室运行。

3. 增强动力

充分利用国家人才新政策，以及浙江省最新出台的《关于激励农业科技人员创新创业的意见》（浙农科发〔2018〕3号），鼓励推广人员深度参与推广工作；开展技术转让、技术入股、技术承包、技术咨询等多种形式增值服务，增强服务动力，促进形成创新、创业的良好氛围。

4. 形成合力

加强体系上下联动，做好顶层设计，完善考核激励机制，推动省、市、县三级推广力量"重心下移、力量下沉"，解决基层关心的共性和关键问题，形成重大科技推广成果。

在新的历史时期，浙江省水产技术推广人力争拉高标杆、勇立潮头，建设具有完备设施装备、拥有现代渔业技术、人员知识结构合理、能够切实履行各项公益性职能、有效满足现代渔业建设需求、具有较强集成创新能力、较优公共服务水准和较高技术支撑能力的现代渔业技术推广体系，打造一支技术过硬、忠诚担当、干净自律、充满活力的"铁军"队伍，驱动浙江省渔业朝着更高质量、更有效率、更加公平、更可持续的方向发展。

（浙江省水产技术推广总站）

二、湖北省乡镇"以钱养事"推广机制运行和发展情况

湖北省 2004 年开始进行农村综合配套改革，2006 年省委省政府出台《关于建立"以钱养事"新机制加强农村公益性服务的试行意见》（鄂办发〔2006〕14 号），要求乡镇农技推广机构实行管理体制改革，统一撤销乡镇农技推广七站八所，全员买断下岗，实行"以钱养事"机制。一是乡镇农技推广机构由国家事业单位转变为民营非企业，并在民政部门办理法人登记；二是乡镇公益性农技人员退出事业编制管理，脱离财政供养，由"农业干部"转变为"社会人员"，"身份"管理改为"合同制"，重新竞聘上岗，办理社会养老保险；三是明确乡镇政府为提供公益性服务责任主体；四是乡镇政府与县级行业部门共同确定本地每年需要完成的农业公益性服务项目，核定服务费用，并与乡镇农技机构签订项目合同；五是建立乡镇政府、县级行业部门、服务对象三方共同考核机制，其劳务报酬与服务项目、考核结果直接挂钩；六是公益性服务经费按照省统一规定标准纳入县级年度财政预算，省级财政对实行"以钱养事"的乡镇按"以奖代补"的方式予以支持。2016 年预算资金 6.0 亿元，其中水产行业占 8%～10%。

（一）"以钱养事"机制运行基本现状

"以钱养事"机制运行至今，农业公益性服务方式发生了系列变化，乡镇农技推广人员数量减少，地方财政供养压力减轻，同时也为进一步完善乡镇农技推广机制积累了经验。以湖北省水产技术推广总站 2017 年"以钱养事"调研实例，结合 2016 年水产体系信息统计结果，简要分析"以钱养事"机制的运行和发展，以供参考。

1. 调研情况

本次调研对象涉及 50 个水产专业站、31 个农业综合站和 8 个涉渔企业的 89 名乡镇水产农技人员，范围涵盖了武汉、黄石、十堰、荆州、宜昌、襄阳、鄂州、黄冈、孝感、荆门、咸宁、随州、潜江、仙桃等；其中，男性 69 人，女性 20 人；被调查人员约占 2016 年湖北省水产统计乡镇在岗人数的 11.51%。

2. 调查结果及分析

（1）队伍建设情况

①队伍年龄结构比较合理。35 岁以下 18 人，35～49 岁 52 人，50 岁以上 19 人，分别占调查人员的 20.22%、58.43%和 21.35%。

②农技人员专业素质良好。学历：本科 11 人，大专 44 人，中专 14 人，高中 20 人，分别占调查人员的 12.36%、49.44%、15.73%和 22.47%。所学专业：水产专业 71 人，其他专业 18 人，分别占调查人员的 79.78%和 20.22%。技术职称：技术员 32 人，初级 24 人，中级 28 人，高级 5 人，分别占调查人员的 35.96%、26.97%、31.46%和 5.62%。

③转岗人员所占比例较高。从参加工作与从事水产工作年限的关系看，工作年限 5 年以下 5 人，5～10 年 8 人，11～15 年 9 人，16～20 年 11 人，21～25 年 26 人，26～30 年

15 人，30 年以上 15 人，分别占被调查人员的 5.62%、9.00%、10.11%、12.36%、29.21%、16.85% 和 16.85%。从事水产工作年限 5 年以下 17 人，5~10 年 22 人，11~15 年 13 人，16~20 年 11 人，21~25 年 13 人，26~30 年 8 人，30 年以上 5 人，分别占被调查人员的 19.1%、24.7%、14.6%、12.4%、14.6%、9.0% 和 5.6%。两者相较，转岗人员比例占到 61.80%，年限差距 10 年及以上的占转岗人数的 60.00%，最大差距达到 35 年。

（2）渔业服务情况

乡镇农技人员水产公益性服务任务非常繁重，对涉渔企业的服务有待加强。从服务面积看，被调查人员所在辖区种养总面积 226.81 万亩，其中水产养殖面积 178.01 万亩，稻田种养面积 48.80 万亩，人均服务面积 2.55 万亩。下乡指导总面积 138.89 万亩，人均指导面积 1.56 万亩。其中，水产养殖面积 104.86 亩，占辖区水产养殖面积的 58.91%；稻田种养面积 34.03 万亩，占辖区稻田种养面积的 69.73%。总计指导养殖户 3 957 户、渔业合作组织 429 个、涉渔企业 151 个，人均指导分别为 44.5 户、4.8 个和 1.7 个。从服务时间看，全年总计下乡 12 411 次，年人均 139.45 次，最少 40 次，最多 260 次；用于水产工作时间 16 281 天，年人均 182.93 天，占法定上班时间（246 天）的 74.36%，最短时间为 65 天，最长时间达 300 天。

（3）财政支持情况

①农技人员年收入偏低。2016 年湖北省城镇非私营单位在岗职工年平均工资 5.14 万元，月均 4 283.33 元。被调查人员年人均收入 3.31 万元，月均 2 758.33 元，为城镇非私营单位在岗职工工资的 64.40%，农技人员除工资外，没有公积金等其他任何收入（表 2-1）。

表 2-1　2017 年乡镇"以钱养事"人员年收入情况

单位：万元

年收入	人数（人）	占比（%）	全省 2016 年非私营单位人均工资
2.5 以下	19	21.35	
2.6~3.0	24	26.97	
3.1~3.5	15	16.85	
3.6~4.0	21	23.60	5.14
4.1~4.5	1	1.12	
4.6~5.0	5	5.62	
5.0 以上	4	4.49	

②农技人员工作经费不足。年工作经费总计 58.85 万元，人平经费 0.66 万元。其中，经费 1.5 万元以上有 8 人，主要由渔业合作组织或涉渔企业提供；经费 1.5 万元以下有 81 人，人均经费仅为 0.30 万元。工作经费在 0.2 万元以下的人员占到了 55.06%（表 2-2）。

表 2-2 2017 年乡镇"以钱养事"人员年工作经费情况

单位：万元

年工作经费	数量（人）	占比（%）	备　　注
0.2 以下	49	55.06	
0.20～0.5	19	21.35	
0.6～1.0	11	12.36	主要由渔业合作组织或 涉渔企业提供
1.1～1.5	2	2.25	
1.5 以上	8	8.99	

（4）农技人员工作状态

①工作环境满意度：很满意 4 人、占 4.49%；满意 15 人、占 16.85%，一般满意 44 人、占 49.44%，不满意 26 人、占 29.21%。（图 2-1）

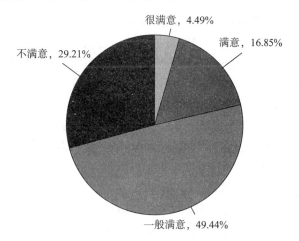

图 2-1 被调查人员对工作环境满意度

②工作薪酬满意度：很满意 0 人、占 0%，满意 5 人、占 5.62%，一般满意 32 人、占 35.96%，不满意 52 人、占 58.42%（图 2-2）。

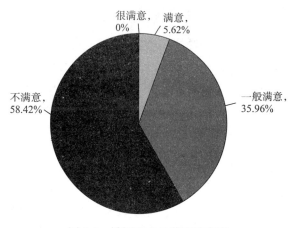

图 2-2 被调查人员薪酬满意度

（二）"以钱养事"机制运行中存在的问题

1. 经费保障不足，政策落实不平衡

按照省委省政府改革要求，省级财政对实行"以钱养事"的乡镇按"以奖代补"的方式予以支持，地方财政配套相应办公、检验检测等条件能力和试验示范、下乡服务等工作经费。但实际运行中，部分农技推广机构不仅没有得到相应配套经费，相反还要承担乡镇政府的经费摊派任务，如献血费、党报党刊费等。按省财政下拨"以钱养事"的经费推算，2016年在岗乡镇水产推广人员年均经费约在6.21万元，而调查结果是工资和工作经费两项加起来也仅有3.61万元，占下拨资金的58.13%。在条件能力建设上，乡镇水产推广机构比较弱势，与其他同级别农业机构相比，大部分是典型的"五无"机构，基本是"一个人、一张桌、下乡全靠两只脚"。而农技、畜牧、农机不仅有自己的办公场所，还享有基层站建设及配套设施项目。

2. 人员流动频繁，公益性服务责任难以落实

"以钱养事"乡镇农技人员隶属乡镇政府管理，首先是无编制，工作自主性差，职务、职称晋升空间有限，缺乏归属感；其次是薪酬待遇偏低，有的甚至不及同级别乡镇公务员一半，且没有公积金等任何其他福利。工作有人管，待遇无人问，导致一些有真才实学、有追求的年轻技术人员，在短期从事农技推广工作后离职或离岗，人员流失严重，农技队伍"转岗""顶岗""半路出家"现象经常发生。再次是部分农技人员进行了兼职，有偿服务企业或组织推销自家产品，使得渔民需要的公益性服务得不到及时满足，相反成为了利益驱动的受害者。渔技推广的公益性服务责任没有很好落实。

3. 服务专职不专，农技人员自信心受伤害

农技人员不属于乡政府编制，但常常被当成乡镇公务员使用，无条件配合乡镇"中心"工作，如维稳、接访、征地、驻村、扶贫、应付各种会议等。有些乡镇甚至是"政府工作为主，服务水产为辅"，从事渔业服务工作需要请假去做，导致推广工作有形式、缺实质，渔业服务难以做深、做细、做具体，服务业绩乡镇、行业两头不认同，服务对象不满意，严重伤害了农技人员的工作自信心。

（三）完善"以钱养事"机制的建议

1. 加大乡镇农技推广投入，夯实推广能力条件

乡镇农技推广工作是"三农"工作的重要组成部分，是农业科技成果迅速转化的桥梁和纽带，乡镇农技推广除省级"以钱养事"财政资金要足额专款专用，严禁挪用外，地方政府也要按照省委省政府的要求，落实相应的农技推广配套资金，并纳入县级年度财政预算，以加强农技推广条件能力建设和工作经费保障，确保农技人员开展农技服务的工作条件和经费支持。

2. 改善管理体制，发挥农技人员主动性和创造性

农技推广是稳固农业基础地位、落实惠农政策的具体体现，也是促进农业提质增效、农民增收、实现乡村振兴战略目标的重要技术支撑。提升公益性服务质量关键是发挥农技人员工作主动性、积极性和创造性，为此，乡镇政府应改善目前管理方式，以增强农技人

员专业知识储备、提高服务能力、落实渔业服务责任为出发点，把农技人员从乡镇政府纷繁复杂的日常事务中剥离出来，专职专用。乡镇政府职责重点是加强对农技人员的服务监管和确保合同兑现，让他们安心服务农技工作。

3. 建立激励机制，稳定农技推广队伍

一是提高薪酬待遇。建立农技推广人员薪酬待遇不低于同级别乡镇职工的激励机制，留住优秀人才。二是建立完善的评价制度。评价以业务为主，在行业部门主导下进行工作业绩、专业能力、职称晋升等评定，做到工作有目标、待遇有保障、晋升有通道。三是大力引进年轻专业人才，建立专业化、年轻化推广队伍，逐步改变现有农技人员年龄偏大、知识老化的问题。四是加大对现有技术人员的知识更新等业务培训力度，提供参观考察机会，提高业务素质和服务能力。

（湖北省水产技术推广总站）

三、湖南省水产技术推广体系建设情况

水产技术推广机构是湖南省农技推广体系的重要组成部分，在促进农业产业结构调整和发展农村经济中发挥着重要作用。

（一）推广机构基本情况

1. 机构设置

省里设省畜牧水产技术推广站，市州设水产技术推广站或畜牧水产技术服务中心。

基层水产技术推广体系主要由县、乡两级畜牧水产技术推广机构组成，乡镇推广机构是其主要力量；部分邻近乡镇以区域站的形式存在，作为县级畜牧水产部门的派出机构。据统计，全省共有乡镇推广机构（含区域站）1 853 个，同时加挂"乡镇动物防疫站"牌子，承担着养殖业科技试验示范推广、动物疫病监测预报防治以及畜禽水产品质量安全监管等重要职责。岳阳、常德、怀化等地部分乡镇设农业综合服务中心，承担畜牧水产技术推广职能。

2. 管理体制

省、市州水产技术推广机构为同级渔业主管部门内设机构或派出机构。

乡镇水产技术推广机构大部分实行县级业务主管部门独立管理或者乡镇人民政府独立管理；少数地方采取县级业务主管部门和乡镇人民政府双重管理的形式，其中以县级业务主管部门独立管理为主。据不完全统计，以"县级管理为主"模式设立的推广机构约占总数的 57.5%，以"乡镇管理为主"模式设立的推广机构约占总数的 21.8%，其余则为县乡共管，仅占总数的 20.7%。此外，作为县级业务主管部门派出机构的区域站，一般由主管部门直接进行考核管理。

3. 人员结构

从人员总量来看，全省水产技术推广机构实有人员 2 957 人，平均每个乡镇 1～2 人。从年龄结构来看，30～40 岁、40～50 岁工作人员所占比例最大，分别为 37.1% 和 40.0%；其次为 50～60 岁，占 22.8%；60 岁以上者仍有 39 人，约占 0.5%。从学历层次来看，乡镇水产技术推广人员学历普遍较低，以中专及以下学历为主，占总人数的 95.9%，本、专科合计占总人数的比例不到 5%。从专业人才角度来看，基层水产技术人员占人员总数的比例偏低，其中高级、中级职称的人员更少。

4. 基础设施

在基层，由于乡镇推广机构和动物防疫机构大多合署办公，或者推广机构承担动物防疫职能，乡镇能利用省级动物防疫基础设施建设项目和农业部的基层推广体系建设项目，加大对乡镇站的基础设施建设，办公条件有所改善。大部分乡镇畜牧水产推广机构都有自己独立的办公场所，部分乡镇推广站由当地政府统一安排与其他乡镇事业站所集中办公。但是仍有部分乡镇推广站无任何办公用房。所有乡镇站几乎都没有配备基本的实验仪器和设备。

5. 经费保障

自2010年启动畜牧水产技术推广体系建设与改革以来，1 634个乡镇技术推广机构实现全额拨款，占机构总数的88%。改革后，工作人员的工资基本上能做到财政承担，但是标准还是较低，基本低于当地平均工资；"五险一金"以及其他福利保障程度非常有限。部分差额事业单位和自收自支单位人员经费还得自筹解决。业务经费没有保证，基本上靠从农技推广补贴项目中挤出少部分经费来开展技术推广工作。

6. 职能履行

基层水产技术推广机构布局广大农村，联系众多农户，在农业和农村现代化建设中发挥着重要作用。一是贯彻落实养殖业政策。推广工作者把党和国家在农村的方针政策、法律法规传达给广大农民，同时加强调研，提出发展规划、意见建议，为党委、政府当好参谋。二是推广实用养殖技术。各地推广机构和人员在引进和推广新品种、新技术、新制剂方面做了大量工作，不仅抓好基地示范引导，还开展了大量实用的技术培训。三是开展科技指导服务。推广机构通过现场技术指导和技术咨询服务等手段，帮助养殖户和群众解决了在养殖技术上或养殖政策上遇到的难题。四是开展动物防疫和畜禽水产品质量监管。

（二）存在的主要问题

近年来，通过改革与建设，基层畜牧水产技术推广体系在机构设置、职能履行、运行保障和人员稳定等方面取得了一定成效。但是受不同条件的制约，各地也分别出现一些不利于推广事业发展的因素，严重影响和制约了农业和农村经济发展水平的进一步提高。

1. 职能职责不清

按照改革的宗旨，基层水产技术推广机构应当承担技术推广、动物防疫、质量安全监管等公益职能，但是部分乡镇站由于工作和业务经费不足，或者职能定位不清，仍然部分从事着经营性活动。另一方面，一些技术推广机构由于是在原乡镇动物防疫站的基础上改建而来，仍旧只注重开展动物防疫工作，影响了工作的全面开展。

2. 管理体制不顺

部分由乡镇政府独立管理或者由县级业务主管部门和乡镇人民政府共同管理的基层推广机构，人事调动权归县级人事部门或乡镇人民政府，县级畜牧水产部门只有业务指导权。这种情况造成了"人、财、物、事"四权的分离。推广人员编制本来就不足，但在工作中既要干好业务工作，更要完成乡镇领导安排的政府中心工作，更多的时候还要以政府中心工作为重，业务工作次之，真正做技术推广和服务等本职工作的时间平均只有一半，甚至不足三分之一，严重影响了其工作职责的履行。

3. 运行机制不活

运行机制不活主要是缺乏科学的考核体系和激励标准。首先是考核激励指标不合理。主管部门年度考核或日常考核常常只注重动物防疫和质量安全监管，而对技术推广工作的开展情况缺乏有效的考评和激励机制，责、权、利没有很好地结合，影响了乡镇畜牧水产技术推广服务的质量和效果。其次是考核激励指标太粗放。定性考核的多，定量考核的少，绩效挂钩的收入差距拉开不大，甚至干多干少一个样，形成不了激励机制，很难充分调动和发挥乡镇技术推广工作人员的主动性和创造性。

4. 队伍素质不高

随着社会主义市场经济的发展，就业机会增多，很多年轻的推广人员因嫌待遇低，选择外出务工，致使农村基层推广人员呈减少趋势，人员老龄化严重、文化水平低、专业知识贫乏、法制意识淡薄。同时，大专院校毕业生赴基层从事技术推广的积极性不高，有些地方甚至出现人员青黄不接的局面。另一方面，由于基层推广人员长期得不到进修、培训、参观学习和交流的机会，知识难以更新，对新技术、新成果的接纳能力很差，很难把新的农业科研成果推广给农民，无法满足现代养殖业发展的需要。

5. 推广条件有限

乡镇畜牧水产技术推广站办公场所和设施缺乏，仪器设备、交通工具严重不足，现有的很多也是老化过时的。很多地方推广服务还在依靠"一双手，两条腿""眼看、手摸、鼻子闻"的原始推广手段，导致服务效率低下、服务功能不齐。即使少数站点因为近年来在建设项目中配置了设备，但由于缺乏专业实验人员，不具备相关的实验室技术和资质，设备最终成了摆设，不仅浪费国家财政投入，更不能满足检验检测以及技术推广服务的要求。

6. 经费保障不足

基层推广机构承担的公益职责较重，工作量大面广。特别是近年来，食品安全问题备受关注、新型养殖技术更新较快、动物防疫工作形势更加突出，基层推广机构的工作量明显加大，工作难度不断提高，工作成本成倍增长。但是大部分乡镇财政困难，上级财政支持也不够，经费保障机制不健全，致使人员经费捉襟见肘，推广工作经费更是严重不足，甚至连工作产生的交通费都报销不了，严重制约了基层推广机构和人员全面深入开展工作和履行职能。

（三）对策和建议

1. 推进体制创新，全面激发推广队伍的活力

（1）明确职责定位

全省各级推广机构要严格按照《中华人民共和国农业技术推广法》以及《湖南省人民政府办公厅转发省农业厅等单位〈关于改革完善乡镇农技推广服务机构的实施方案〉的通知》（湘政办发〔2010〕71号）的规定，明确公益定位，认真全面履行法律法规赋予的公益性职责，重点抓好"三项基本服务"，退出经营性行为，着力形成依法办事、按制度管事的畜牧水产技术推广工作规范。

（2）灵活建站形式

乡镇推广服务机构设置原则上按乡镇设置畜牧水产技术推广机构，也可以根据当地产业优势，按专业分设乡镇畜牧站和水产站；有条件的也可按区域设置，形成辐射相邻几个乡镇的中心站；也可以由县级业务主管部门向乡镇派设推广机构；部分乡镇可以根据实际需要，设立农业综合服务中心，确保畜牧水产技术推广有关职能的履行。总之，要因地制宜，灵活建站形式，增强推广一线的力量。

（3）理顺管理体制

基层推广机构要坚持以县级业务主管部门管理为主的模式，实现"人、财、物"的相对统一，县主管部门要明确乡镇推广机构的职责，并根据职责完成情况进行考核；涉及推广人员跨乡镇交流调动的，县（市、区）组织人事部门应事先征求畜牧水产部门意见，避免造成推广人员在乡镇分布不均、专业不对口；基层推广机构有义务配合当地政府开展工作，但是要处理好"乡镇中心工作"和"自身本职工作"的关系，坚持依法履职是开展各项工作的第一依据、第一办法。

（4）实行竞争上岗和资格准入

基层推广人员要推行职业资格准入制度，实行竞争上岗和实名制管理。用人单位要按需设岗，确定具体岗位，明确岗位等级，按照竞争上岗的原则聘用工作人员。要选拔有真才实学的专业技术人员进入推广队伍，人员的"进、管、出"要严格按照规定程序和人事管理权限办理，并推行实名制管理。参加竞聘上岗的人员，要具备竞聘岗位相应的专业学历或取得国家相应的职业资格证书。同等条件下，要优先聘用在编在岗农业技术推广人员。鼓励各地出台优惠和引导政策，促进高等院校毕业生赴基层一线对口支援和就业。

2. 加强队伍建设，不断增强推广机构的服务能力

（1）强化人员培训和继续教育

充分利用各种渠道，实行集中和分散、专业和综合、短期和长期、派出去和请进来等方式相结合的教育培训，使推广人员不断更新知识，提高专业水平。积极创造条件，选送基层推广人员进大中专院校脱产进修学习，使业务和学历同步提高。推广人员自身要主动适应新形势，坚持业余自学，不断更新观念，掌握系统理论知识和专业技术，拓宽视野，增长才干。

（2）建立绩效考核和激励机制

县级业务主管部门要加强对乡镇推广人员的绩效考核，将技术推广人员的工作量和工作实绩作为主要考核指标；将养殖户、农民群众和乡镇政府对推广人员的评价作为重要考核内容；将考评结果与职称评聘、岗位竞争、收入等挂钩。对于工作业绩突出、人民群众认可的推广人员，可以实施一定的物质奖励，通过组织考察和培养的优秀人员，可以选拔到乡镇领导岗位上来。

（3）加强工作条件和保障建设

乡镇站要主动争取各级财政的支持，确保必需的试验示范场所、办公场所、检验检疫、推广和培训设施设备等基本工作条件。各有关部门要主动关心推广人员的生活，在不断改善他们工作条件的同时保障他们的生活条件，适当提高他们的待遇，以稳定推广队伍，调动他们安心农村、扎根基层、服务"三农"的积极性。

3. 把握推广规律，着力提高推广工作的水平

（1）合理示范和推广项目

一是要因地制宜，选择适合本地生长环境的品种开展试验和生产，坚决摒弃盲目跟风和不切实际的选育行为。二是要淘汰落后养殖方式，推广新型养殖技术。传统的养殖方式易于接受，便于推广，但是效益较低，对环境的影响较大，需要在不断被淘汰的过程中提高生产力。三是坚持政府引导，多方参与。行政主管部门和推广机构在确定推广政策和项目以后，要充分调动生产者、科研者和消费者等各方面的积极性，扩大新品种、新技术的覆盖面。

（2）转变推广和服务方式

一是从注重生产向注重市场转变。以当地主导产业培育和产业提升发展为目标，由过去单一关注生产、以技术扶持产业的服务方式，向以市场需求为导向、以质定产的服务方式转变。二是从单纯技术服务向公共服务转变。基层推广机构在履行"三项基本服务"职能的基础上，还要提供"三农"政策宣讲、农业保险等多种社会公共服务，形成"3＋X"的服务模式。

（3）实施技术集成和创新

一方面要对多种技术在更大的时空尺度上进行选择、组织和集成优化，把着力点更多地放在先进适用技术的熟化应用、组装集成配套应用上。另一方面，把技术要素和经济、社会、管理等要素在一定边界条件下进行优化集成，实现技术创新、制度创新和管理创新的融合，实现推广整体功能的提高。

（4）开展基础理论系统性研究

随着养殖科技创新和养殖经济的不断发展，特别是养殖户（企业）对养殖信息和技术多样化与个性化的要求增多，水产技术推广工作面临着新的挑战。这就需要开展养殖技术推广基础理论的系统性研究，在服务理念和推广目标、内容、模式、方式等方面组织力量认真研究，把握好养殖技术和推广规律，提高基层推广工作的科学化水平。

4. 发挥体系优势，大力构建推广体系的主导地位

（1）加强上下协同

上级推广机构要积极牵头组织协调下级推广机构共同开展技术协作攻关，积极牵头实施重大推广项目、申报重大科技成果，在基层推广人员申请科技项目和评审技术职称等方面提供可能的帮助和便利。通过这种以项目实施为抓手，以利益兼顾为路径的方式，加强上下联系，增强体系工作活力。

（2）夯实一线基础

破解畜牧水产技术推广"最后一公里"难题，关键在乡镇推广机构。要不断夯实乡镇推广机构和队伍的力量，形成推广事业在广大农村灵敏的"感受器"和"效应器"。同时还要建立有效的平台，将这些"神经末梢"科学串联起来，形成强大的推广网络和推广力量。利用这个平台，不仅可以加强区域交流，还能促进推广机构内部之间的相互示范和学习。

（3）整合社会力量

打破部门之间、区域之间、产学研推之间长期以来联系不紧密、协调不够充分的格局，鼓励科研单位、专业合作组织、涉渔涉牧企业和各类中介组织参与推广服务，使推广队伍多元化、推广行为社会化、推广形式多样化。推广部门要在联合众多社会力量的过程中，起到核心的作用，对社会化推广服务组织的建立和发挥作用给予指导和服务。

（湖南省畜牧水产技术推广站）

四、河南省水产实用人才队伍建设情况

加强水产技术推广实用人才培养工作，努力建设有技术、懂技能、会服务的水产实用人才队伍，是新时期渔业建设的基础工作和关键环节。河南省水产技术推广站及全省各级水产技术推广部门大力加强了实用人才队伍建设，为全省渔业绿色健康可持续发展提供强有力的人才保证和技术支撑。

（一）全省水产技术推广人才队伍基本情况

河南省共有各类水产技术推广机构 241 个，其中省级站 1 个、市级站 18 个、县级站 111 个，乡镇站 107 个，区域站 4 个；财政全额拨款单位 177 个，差额拨款单位 19 个，行政单位 9 个，自收自支单位 36 个。在岗人员 1 473 人，其中专业技术人员 829 人，包括高级职称 76 人，中级职称 313 人，初级职称 440 人。技术人员分布情况：省站高级职称 9 人，中级职称 9 人，初级职称 3 人；市站高级职称 32 人，中级职称 65 人；县乡站高级职称 35 人，中级职称 238 人。

（二）主要做法

1. 强化领导，明确职责

为更好地履行《中华人民共和国农业技术推广法》赋予的公益性职能，根据全国水产技术推广总站《全国水产技术推广体系人才培训工作要点》，结合河南省水产技术推广体系实用人才结构情况，成立了以省站王飞站长为组长，刘熹书记、李同国副站长为副组长，示范培训科、体系科、病害科、实验室、良种场及各省辖市、省直管县站长为成员的领导小组，定期召开全省实用人才建设协调会。省站负责全省水产实用人才建设工作的方案制定，明确工作原则、基本目标和方法步骤，加强对实用人才工作的宏观指导、组织协调和督促检查。对省辖市、直管县水产技术推广部门明确细化了分工，制定了年度任务，保障各部门通力协作。通过营造良好发展环境，建立激励机制，创新培训手段等措施，为全省水产实用人才队伍建设奠定了基础。

2. 狠抓培训，注重实效

充分利用全省水产科技下乡联合行动活动、全省基层水产技术推广体系改革与建设补助项目和省站开展的各项培训活动，专门聘请省内外水产行业知名专家为大家授课。采取集中培训与现场观摩及分散技术指导相结合、室内讲学与现场操作相结合、传授实用技术与推广新技术成果相结合等培训方式，大力培养开发适合河南水产行业的专业型实用人才、水产养殖专业型渔民等。同时，全省水产技术推广部门举办各类水产实用技术培训班 480 期，直接培训水产技术员 1 440 人次，培训渔民 2 万人次。目前，全省 75% 以上的县级水产技术员和渔民掌握了 4～5 种水产养殖品种，3～4 项实用技术，有近 1 440 人领取了实用技术结业证。

3. 创新方法，强化激励

（1）以竞赛为契机促进水产实用人才建设

河南省自 2015 年以来，共举办两届水产技术推广职业技能竞赛。两届竞赛共培训水产技术人员达 165 人，参赛选手达 83 人。通过理论学习和实际操作培训，重点教授了相关渔业法律法规、水产基础知识、技术规范及技术标准等内容；实际操作考核包括鲫鱼鳃解剖及性腺分离、疫苗注射、采血、数字式 pH 计法测定水样 pH 等。组织河南队参加全国水产技术推广职业技能竞赛，连续两届获得团体三等奖和个人三等奖的好成绩。为更好地延续竞赛精神，安阳市农业局联合市总工会于举办了首届安阳市水产技术推广职业技能竞赛活动。参赛人员中，有 2 名同志获得"省五一劳动奖章"，2 名同志获得"市五一劳动奖章"，先后受到省农业厅和省总工会表彰的人员达 35 人。竞赛为全省水产技术推广技术人员提供了一个学习交流的平台，激励了水产技术推广人员学习水产新技术、新知识的积极性，有助于促使广大水产技术员刻苦钻研技术，苦练技能本领。省、市水产推广机构利用各级竞赛的机会，培训水产技术人员达 200 人次，既提升了水产技术员的业务技能，又为全国竞赛做好了充分准备工作。

（2）渔业创新工作室示范带动效应显著

为深入贯彻党的十九大提出的乡村振兴战略，加快推进农业农村现代化有关要求，进一步做好全省基层水产技术推广工作，省农业厅水产局对全省基层水产技术推广工作先进个人进行了遴选，择优推荐了 5 名"最美农技员"。河南省水产技术推广站非常重视渔业创新工作室在全省水产技术推广体系中的示范带动作用，大力推进水产技术推广生产一线的职业创新工作，积极为水产行业职工开展技术攻关、技术创新、技术改造等创新活动搭建平台。李斌顺同志是河南省水产系统的佼佼者，曾在省水产技术职业技能竞赛中取得优异的成绩并获得了林州市五一劳动奖章。为充分发挥该同志的技术带头作用，省站联合市、县两级水产推广部门于 2017 年成立了全国水产技术推广体系内首家以劳模名字命名的渔业创新工作室——"李斌顺渔业创新工作室"。由于是全国首家，所以该工作室的成立具有很强的示范带动作用。在创建过程中，该工作室以创新引领职工、以成果推动工作，不断推动创建工作制度化、规范化，赢得了周边县市水产行业的一致认可，实现了由"一花独放"到"群芳争艳"的转变。渔业创新工作室的建立为水产技术推广事业提供了创新平台，极大地调动了广大水产技术推广人员扎根基层、积极探索、勇于创新、服务渔业的积极性。通过在全省水产技术推广系统内大力弘扬劳模精神，实现了"一加一群"的雁阵效应，充分发挥了渔业创新工作室的示范带动作用，在全省水产行业掀起了学习劳模和科技创新的热潮。

（3）职业技能鉴定与技术示范工作探索出新方法

省站多年来有组织、有准备、分步骤、积极稳妥地推进了渔业技能鉴定工作。为进一步转变技能培训和鉴定工作作风，切实为渔民提供方便，把培训和技能鉴定服务直接送到场企，做到了生产、学习两不误。在河南师范大学、信阳农林学院、河南牧业经济学院等高校的水产专业中，结合学校实行的"双证制"开展试点。在取得经验、完善办法的基础上，继续在这些学校开展"双证制"工作。同时，配合省级原良种场的认证，对省内多个大型水产企事业单位的技术工人进行了职业技能鉴定，取得了比较好的效果。近几年，共举办水产技术鉴定培训班 6 次，培训人员 372 人次。

(4) 搭建平台，煅炼队伍

为更好地加强对全省水产实用人才队伍的煅炼，省站积极与省农业厅水产局配合，充分利用《河南省农业厅办公室关于印发 2017 年全省水产技术推广补助项目实施方案的通知》（豫农办渔业〔2017〕16 号）和《河南省农业厅办公室关于印发河南省 2017 年水产科技下乡联合行动指导意见的通知》（豫农办渔业〔2017〕18 号）精神，在全省水产行业实用人才中选聘水产技术专家 171 人。并按照文件分配省级专家库专家承包项目县，签定技术服务协议。通过水产技术专家进村入户调研和培训，使水产健康生态养殖、科学病害防治等综合配套技术得到推广，提高了基层项目县的技术指导服务质量。利用水产科技下乡技术服务活动，每年水产专家、技术员下乡进行技术服务达 5 332 人次（其中省级专家库技术专家到项目县技术服务活动 972 次），举办培训班 958 期，培训基层技术员和渔民达 9 600 人次（同时还创新培训方式，采取现场观摩、水产科技书屋、农技 APP、互联网＋渔业、微信群等多种交流形式开展技术咨询服务），让广大水产实用人才得到了实践机会，又让渔民群众得到实实在在的实惠，在渔民群众中反映非常强烈，推动了渔业增效、渔民增收，达到了基层推广项目预期的效果。

（三）继续教育提高能力

省农业厅水产局委托河南师范大学和信阳农林学院对全省水产技术人员和实用人才进行培训，还专程邀请来自华中农业大学、省水产站、省水科院、河南师范大学、信阳农林学院、郑州牧业经济学院等单位，既有理论知识又有实践经验的水产行业知名专家学者为大家授课。全省 102 人参加河南师范大学水产养殖专业成人高等教育学习，通过率 97%；118 人参加省农业广播电视学校水产养殖专业中等教育学习，有 83 人取得大专及本科学历。通过继续教育活动，提升了基层水产实用人才的综合素质，促进了实用人才能力与渔业发展需求相匹配。

省站根据渔业发展特点，结合全省水产技术推广体系实用人才结构，紧紧围绕水产实用人才能力建设工作，积极做好实用人才开发和培训工作。还针对性地开展水产技术推广人员、渔业社会化服务技能人员和渔民培训工作，较好地提升了全省水产实用人才能力建设，为全省水产实用人才建设和渔业健康可持续发展奠定了基础。

（河南省水产技术推广站）

五、陕西省水产技术推广人才培养情况

近年来，在全国水产技术推广总站和陕西省水利厅、陕西省渔业局的正确领导和大力支持下，陕西省水产工作总站扎实开展水产技术推广人才队伍建设，积极参加全国水产技术推广总站举办的水产技术推广职业技能竞赛。根据全国水产技术推广总站《2014 年全国水产技术推广体系人才培训工作要点》的要求，在渭南、汉中、安康、榆林等地开展水产技术推广骨干人才培训，积极开展特有工种（水产）职业技能鉴定工作，实施人社部万名专家服务基层行动项目和陕西省人社厅万名专家服务基层行动计划资助项目。采取专家辅导、集中培训、现场实训、观摩交流、异地研修等方式，以重点推广的新品种、新技术、新模式，水产技术推广理论与方法，渔业公共信息服务和管理统计技能，渔业政策和相关法律法规等为培训主要内容，大力推进水产技术推广体系和渔业社会化服务技能人才队伍建设，取得了良好实效。

（一）主要成效

1. 技能竞赛成绩突出

2015 年 11 月，在首届全国水产技术推广职业技能竞赛上，陕西省获团体第一名，李海建、欧阳月同志分别获个人一等奖和二等奖。李海建同志荣获"全国五一劳动奖章"，欧阳月同志荣获"陕西省先进工作者"称号。2016 年 12 月，陕西省在杨凌举办了"第二届全国水产技术推广职业技能竞赛陕西省选拔赛"。对获得前 3 名的选手，省总工会授予"陕西省技术能手"称号；对获得第 4～6 名的选手，省水利厅授予"陕西省水产技术能手"称号。

2. 能力提升成效明显

近五年来，全省先后有 63 人晋升中级以上职称，其中 43 人晋升中级职称，15 人晋升副高级职称，5 人晋升正高级职称。晋升正高级职称人员当中有 1 人晋升二级研究员，2 人晋升三级研究员，2 名专家获得国务院津贴，5 名同志获得"神内基金农技推广奖"奖励。先后有 9 名同志获得国家执业兽医师（渔业）资质，30 余名职工参加西北农林科技大学等高校学历教育，水产技术推广队伍整体综合素质能力得到较大提升。

（二）措施和做法

1. 积极开展骨干人才培训

积极组织参加农业部万名农技推广骨干人才培养计划，基层水产站共有 149 余名技术骨干参加培训学习。协调选派业务骨干进修学习，着力培养了一批急需紧缺人才，逐步形成了"专家到基层服务，基层选派人员向专家学习"的上下互动、互联工作机制。同时，省、市渔业部门积极组织培训，组织并委托西北农林科技大学等相关院校开展集中培训。通过渔业科技试验示范基地现场实训、异地观摩交流等方式，分层、分类、分批组织基层水产科技推广人员开展技术培训，提高基层水产科技推广人员的业务能力。一是依托省防疫检疫中心鲤春病检测项目和基层渔技推广体系改革与建设专项补助项目在渭南分别开展"SVC抽样检测培训会""渔业基层推广体系改革与建设专项补助项目实施与绩效考核培训会"，共培训人员179人次。二是鼓励专业技术干部通过继续教育、外出培训等方式，以服务当地主导产业、解决渔业生产关键环节技术为导向，强化知识更新和提升业务技能。其中参加继续教育25人次，共计2 000学时；参加职业技能鉴定考评员培训9人次；参加官方兽医师资培训11人次。通过实施骨干人才培训，提高了水产技术推广机构和渔技人员的服务能力和服务水平。

2. 技能鉴定成效明显

陕西省目前各级水产技术推广单位共有水产技术工人1 500余人，直接从事渔业生产的渔农近30万人，提高这批劳动者的技术素质和管理水平，事关全省水产事业发展和劳动者的切身利益。陕西省特有工种（水产）职业技能鉴定站自建站以来，共培训鉴定水产养殖工1 210名，其中考核鉴定技师162名、高级工457名、中级工232名、初级工359名。通过培训鉴定的工人多数已成为基层渔场的技术骨干，一部分担任渔场场长。通过培训和考核，落实了国家人力资源管理中有关职业技能培训和鉴定的要求，学员们掌握了基础理论，学到了新技术，了解了国家水产养殖业发展的新方向，提高了职业技能等综合能力，为开展工作奠定了人才和技术基础。

3. 加强全省水产专业技术人才储备

为加强和提高全省水生动物疫病预防控制能力，提高水产品质量安全水平，保证渔业健康发展，省站受全国水产技术推广总站委托，先后举办了水产养殖规范用药技术培训暨水产养殖规范用药科普下乡活动、全国水生动物防疫检疫员培训班、全国水生动物检疫实验室技术理论知识培训班等。来自本省及山西、宁夏、甘肃周边省市的水产技术人员380余人参加交流学习。通过培训，学员系统掌握了水产品药物残留快速检测技术、科学用药、科学防病知识，对我国水产养殖的现状及如何在生产中科学用药、如何选用药物科学防病等知识有了较系统的掌握，为推行水产品药物残留现场快速检测、加强水产品质量安全监管提供了技术保障，对促进各地水产养殖规范用药工作的顺利实施、提高水产品质量和安全水平起到了重要的指导促进作用，为基层检疫实验室今后开展病害防治及防疫检疫工作储备了人才队伍和技术力量。与全国水生野生动物保护分会在汉中联合举办"大鲵养殖与病害防治技术培训班"，来自湖南、四川、重庆、贵州及本省的230名大鲵养殖从业人员参加培训，提升了大鲵养殖从业人员尤其是技术人员的科技素质，规范和普及了大鲵养殖技术，建立了推广机构与企业互派专业技术人员交流、学习、指导的工作机制，有效解决了项目建设、生产管理和企业专业技术人才缺乏等实际问题。

4. 充分发挥人才优势，开展渔业专家行活动

根据人社部《关于开展2014年万名专家服务基层行动计划的通知》和陕西省人社厅"关于下达2014年万名专家服务基层行动计划资助项目函"的要求，连续2年下达实施现代渔业专家走基层项目。省水产工作总站围绕"专家走基层，传送新技术，解决实际问题，帮助渔民增产增收"的主题活动，发挥水产专业人才优势，重点围绕现代渔业技术培训、渔业科技专家深入基层进场入户及面对面服务指导、发放水产科技书刊等3个方面开

展工作。全省共组织专家下基层服务 200 人次，先后在榆林市横山县举办"现代渔业专家走基层暨培训班"、在延安市吴起县举办"水产健康养殖技术培训班"、在安康市举办"现代渔业专家走基层暨健康养殖技术培训班"，邀请省内外知名专家教授讲授现代渔业发展形势与任务、农产品质量安全形势与监管技术、健康养殖与鱼病防治等新理念、新技术。渔业专家先后深入汉中市南郑县、榆林市横山县和靖边县、铜川市耀州区、安康市汉滨区和汉阴县等 23 个县区开展科技下乡入户服务活动，面对面指导养鱼技术，共走访服务渔企 30 个、渔民 150 户，现场解决鱼池水质调控、大鲵繁殖期间水温调节及鱼病防治等 10 余个技术难题。发放《水产新品种推广指南》《中草药在防治水产动物疾病中的应用》等实用技术资料 600 余册。陕西省政府网站转载了该项目活动开展及圆满完成任务的报道消息，实现了政府引导、专家服务、渔农受益的良好效果。项目实施培养了一批技术骨干，基层水产站共有 70 余名专业技术人员参加培训学习，开展面对面互动交流、讨论研究，不仅锻炼了基层队伍，提高了基层技术推广单位和技术人员的服务能力，而且加快了科技成果的转化速度和效率，形成了专家与渔民良性互动、解决生产实际问题，实现了"人才下乡、科技下乡"。

5. 积极参与全国水产技术技能竞赛

省站作为本省参加全国水产技术技能竞赛的牵头单位，积极筹备、精心组织、制订方案、选拔人员，集中开展专业理论知识培训和技能操作演练，苦学、苦练近三个月。在此基础上，又进行选拔比赛，强化参赛人员的综合能力，为比赛取得优异成绩打下了良好基础。通过参加全国和省内的技能竞赛活动，既为本省水产技术人员与全国兄弟省市学习、交流提供了难得机会，也展示了本省技术人员扎实的业务素质和良好的精神风貌，带动了全省水产行业的技术人才"学知识、用知识"的热潮，为今后开展技术推广工作打下了良好的人才基础。

（三）建议和设想

一是依托基层渔技推广体系改革专项补助项目，建立轮训机制，和西北农林科技大学等水产专业院校交流合作，采取学历教育形式，继续开展基层渔技骨干人员培训，解决基层站专业技术人员普遍紧缺的问题。

二是设立专业技术人员培训教育专项经费，建设一批技术先进、管理规范的水产养殖试验示范基地作为培训教育实习基地，使培训贴近实际生产，让专业技术人员能够眼观、手动。通过专家在旁指导，学员动手操作，增强专业技术人员的实践操作能力。

三是加大省级师资培训力度。抽调省级专业技术人员，参加全国举办的各类专业技术培训，开阔眼界，增长才干，再将他们所学到的先进技术和经验带回本省，向基层渔技人员传授讲解，提升推广人员工作能力，加强人才储备，提高科技成果转化率。

（陕西省水产工作总站）

六、浙江省新型稻渔综合种养模式推广情况

浙江稻田养鱼历史悠久,文化底蕴深厚。2005 年 4 月,青田县的稻鱼共生系统被联合国粮食及农业组织列为全球首批、亚洲唯一的全球重要农业文化遗产。稻田养鱼是一种农渔结合的生态循环农业典范,一是能大幅减少农药化肥使用,改善农村生态生活环境;二是能大幅提升稻鱼产品品质,为社会提供优质高档农产品,满足市场需求;三是能有效促进渔农民增收和致富,一举多得,利国利民。在农业供给侧结构性改革的大背景下,其持续发展前景广阔。

(一) 浙江省稻渔综合种养发展的主要阶段

自改革开放以来,"三农"工作不断得到党和政府的重视,市场驱动发展的作用日益显现,有力地促进了农业产业结构调整优化。浙江省的稻渔综合种养也从以自给自足为主的小农经济快步向优质高效农业和绿色生态农业发展。主要经历了以下三个发展阶段。

1. 以"自给自足"为主要特征的传统稻田养鱼

这一阶段是 20 世纪 80 年代初到 90 年代中期,其主要特点是:稻田养鱼均分布在浙江省青田、永嘉等传统区域,以单家独户养殖为主,种养模式主要是双季稻的平板式养鱼,亩均产量低(10 千克左右),比较效益不高。

2. 以"优质高效"为主要特征的新型稻田养殖

该阶段是 20 世纪 90 年代末期到 2010 年,其主要特点是:伴随着国家大力发展优质高效农业的大好形势,农业产业结构快速调整。在政策效应和比较效益的推动下,沟坑式稻田养鱼(沟坑面积占稻田面积 20% 以上)和挖塘养鱼迅速发展,稻田养鱼区域也从丘陵山区迅速扩大到内陆平原,稻田养鱼的单位产量和经济效益显著提高(亩均产量达到100 千克以上)。

3. 以"稳粮增收"为主要特征的绿色生态稻田养鱼

该阶段大致为 2010 年至今,其主要特点是:转变了发展理念,以绿色生态为导向,以"稳粮增收、保生态保安全"为主要目标,发挥稻田养鱼"四大效应"(大局效应、稳粮增收效应、生态安全效应、质量安全效应),实现稻田养鱼的绿色生态发展和可持续发展。

2010 年以来,按照省委省政府提出的稳定粮食播种面积,守住耕地保护底线的要求,全省渔业系统围绕中心、服务大局。在省委省政府的高度重视和关心支持下,浙江省海洋与渔业局联合省农业厅印发了《关于开展养鱼稳粮增收工程,促进粮食增产农民增收的实施意见》,在省级层面把养鱼稳粮增收工程作为两厅局共同的部门行为,形成了政府重视、部门配合、农民参与、媒体宣传、公众关注的良好氛围。近年来,经过省、市、县三级水产技术推广系统联合示范与推广,全省已建成了一批"稻鱼(鳖、虾)共生、稻鱼(虾、蟹)轮作、鱼塘种稻(瓜、菜)、藕(莲)塘养鱼"等绿色生态型稻田养鱼示范基地,培

育了一批稻田综合种养技术成熟、运作机制规范、产品品牌化销售的种粮大户和合作社，培养了一批集种稻、养鱼、经营为一体的复合型新型农民，初步形成了种稻养鱼、产品加工、品牌营销的稻田养鱼全产业链。2014年起，借势浙江省开展的"五水共治"，省水产技术推广总站向省海洋与渔业局建议将"稻鱼共生、轮作"等生态循环渔业纳入"渔业转型促治水行动三大工程"，有力地促进了新一轮绿色生态型稻田养鱼的发展。

（二）浙江省稻渔综合种养的主要模式和品种

以中华鳖、瓯江彩鲤、青虾等名特优新品种为主导，以产业化经营、规模化开发、标准化生产为特征，涌现了一批具有浙江特色的稻渔综合种养模式和品种。

1. 稻鳖共生模式

稻鳖共生模式是指利用生态学原理，将中华鳖养殖和水稻种植有机结合在一起，实现养殖、种植相互促进，综合效益大幅提升的一种新型综合种养模式。养殖中华鳖主要为中华鳖日本品系、清溪乌鳖、浙新花鳖等国家水产新品种。该模式是在田块中开挖沟坑（面积控制在稻田总面积的10%之内），开展水稻和中华鳖共作。中华鳖的排泄物作为水稻的肥料，鳖还能捕捉部分稻田的害虫；种植的水稻又能吸肥改良底质，使水稻和鳖的病害明显减少，从而可以实现不使用农药和化肥，显著提高稻田综合效益，实现稻鳖共赢。该模式经济效益提高30%以上，真正实现"百斤鱼、千斤粮、万元钱"。德清县的稻鳖共生模式已由浙江省水产技术推广总站制定并形成省级地方标准——《稻鳖共生轮作技术规范》（DB33/T 986—2015）。2017年全省推广稻鳖共生模式1.37万亩，亩均效益8 950元。

2. 稻鱼共生模式

稻鱼共生主要有山区沟坑模式和微流水模式、粮食主产区稻鱼共生轮作模式等，稻田开挖鱼坑和鱼沟，面积控制在稻田总面积的10%之内；养殖鱼类主要包括鲤（田鱼）、泥鳅、鲫、草鱼、鳙（花鲢）、鲢（白鲢）等。稻鱼共生既减轻稻田的虫害和草害，又可减投鱼饵。鱼排泄粪便可肥田，鱼在稻田中游动觅食、翻动泥土，起到松土作用，利于水稻分蘖和根系的发育；通过加高加宽田埂、逐渐加深水位，既增加鱼的生存活动空间，还可以控制水稻无效分蘖，提高成穗率，利于稻谷稳产增产。稻鱼种养有机结合，以稻养鱼、以鱼促稻，实现"百斤鱼、千斤稻"。2017年全省推广稻鱼共生模式18.65万亩，亩均效益1 766元。

3. 稻虾共作模式

稻虾共作模式利用水稻种植的空闲期养殖青虾，由于水稻种植和虾类养殖在稻田的能量流动和物质循环中实现了有机互补，从而提高了稻田利用效率，减少了农药和化肥的使用。该模式在水稻不减产的情况下，提高了稻田的产出，并改善了地力。由于该模式可以充分利用平原粮食主产区的土地资源，减少稻田冬春季弃耕抛荒的现象，且可以稳定粮食生产。2017年，稻虾共作模式在全省推广面积1.45万亩，亩均效益4 224元。

（三）主要做法

2010年以来，浙江水产技术推广总站按照"稳粮增收、保生态保安全"的发展目标要求，切实转变发展理念和路径，通过加强政策引导，创新生态循环模式，加大技术集成示范，培育品牌拓展营销，延伸产业链，完善运作机制等综合措施，大力示范推广绿色生态的新型稻田养鱼模式。

1. 加强政策引导，争取资金扶持

2010年至今，共争取到省级财政资金3 000余万元，并通过省级项目资金的扶持，带动了市县财政和种养业主投入5 000余万元。省级财政资金主要用于补助稻田养鱼规模化示范基地建设，以及新型种养模式技术示范和推广。至今全省已建成26个省级稻田养鱼示范县、65个规模化示范基地。同时，结合"十二五"本省现代渔业园区建设，加大对稻田综合种养项目的扶持。2014年开始，随着省级财政支农资金分配改革的推进，浙江省继续将稻渔综合种养项目纳入"浙江省海洋与渔业综合管理专项资金"扶持范围，持续支持各地发展新型稻渔综合种养。

2. 发挥主导品种优势，创新稻渔综合种养模式

中华鳖是本省主导品种，随着"五水共治"推进，拆除了中华鳖温室，养殖规模急剧减小。德清县清溪鳖业公司成功试验稻鳖共生模式，取得了良好的经济和生态效益，为本省生态中华鳖发展提供了样板，有效拓展了养殖空间；同时，该公司还将3 000多亩养殖池塘全面改造，推广稻鳖共生模式，并一举成为首个"自己建设、稳定运行、效益显著、省级认定"的省级粮食生产功能区。该模式的成功实践极大地激发和带动了中华鳖养殖企业和种粮大户的积极性。据统计，2016年，全省稻鳖共生推广面积2万亩，亩均综合效益达9 341元，经济和生态效益十分明显。除此之外，稻虾共生、茭鳖共生、菱鱼共生、稻鳅共生、稻蛙共生、虾菜轮作和鱼塘种稻等各类稻鱼共生和轮作模式均取得长足发展。

3. 强化基础和标准研究，组织实施推广联合行动

浙江省水产技术推广总站加强与浙江大学、中国水稻研究所合作，围绕稻鱼共生、稻鳖共生、稻虾共生、稻鳅共生和池塘种稻等稻渔综合种养主要模式，以省部级科研和推广项目为载体，对生态原理、病害防控、种养关键技术等开展了系列研究，不断深化节能减排机理，并开展模式配套技术的集成示范。省站还组织制订了"稻鳖共生"省级地方标准，并牵头制订稻鳖行业标准，参与制定稻虾、稻鱼行业标准；还制作了"百斤鱼、千斤稻、万元钱"和"稻鳖共生"技术推广专题光盘，编印了大量技术书籍和手册。此外，从2010年起，省站就将稻渔综合种养主要模式与技术列入全省渔业主导品种和主推模式与技术联合推广活动，以培养"养鱼＋种粮"能手为目标，组织举办了养鱼稳粮增收技术培训班、现场观摩会、技术交流会，并邀请专家进行现场技术指导，为渔农民提供服务。

4. 积极培育品牌，打造稻渔综合种养业全产业链

优质大米品牌培育和营销宣传是实现稻渔综合种养业转型升级的重要手段，也是新一轮稻渔综合种养业能否持续快速发展的关键因素之一，也是推广稻田综合种养可持续创新的一个重要举措。浙江省水产技术推广总站作为中国稻田综合种养产业技术创新战略联盟的理事单位，积极倡导本省稻鱼企业参加联盟主办的各类活动。2017年11月，在上海举办的"稻田综合种养产业技术发展论坛暨优质生态鱼米评比与农（水）产品展示活动"中，由省站推荐的浙江清溪鳖业股份有限公司获"模式创新大赛"金奖，浙江景宁自强实业有限公司、浙江省云和县云河渔业专业合作社、桐庐昊琳水产养殖有限公司等3家单位获"模式创新大赛"银奖；海盐县天地和家庭农场、兰溪市园梦家庭农场分别荣获"优质

渔米"金奖，浙江清溪鳖业股份有限公司、桐庐昊琳水产养殖有限公司获"优质渔米"银奖；省站也荣获了"优秀组织单位"的荣誉。同时，全省各级水产技术推广部门也积极鼓励当地现有优质稻鱼品牌通过输出技术、管理和品牌，跨区域建设优质稻渔综合种养生产基地，做大做强产业规模，拓展发展空间。目前，全省稻渔综合种养生产的优质大米和水产品品牌有20余个。

5. 引导渔旅、农旅结合，推动一二三产融合发展

按照渔业供给侧结构性改革的要求，围绕消费者旅游休闲新需求，以"优美生态环境、绿色安全农产品、传统渔农文化科普和休闲旅游体验"等为特色，依托一批稻渔综合种养示范基地，积极开展渔旅、农旅结合的休闲旅游活动，通过参观、体验、观光、美食和科普，延伸了产业链，提升了基地和产品影响力，增加了综合效益。青田小舟山、德清清溪、海盐三羊、景宁自强、临安元生等一大批稻渔综合种养示范基地变成了全省渔旅、农旅结合的乡村休闲旅游区，其生产的优质稻鱼产品也成了旅游产品，深得广大旅游爱好者欢迎。稻鱼产品价格大大提高，渔农民收益显著增加，也助推了城乡一体化发展和美丽乡村建设。

（四）下一步发展的重点工作

以创新、协调、绿色、开放、共享五大发展理念为引领，大力推广稻渔综合种养新模式新技术，延伸稻渔综合种养的产业价值链，促进稻渔综合种养与旅游休闲观光深度融合，实现稻渔综合种养的持续健康发展。重点推进以下三项工作。

1. 加强政策扶持和产业引导

加强政策扶持和产业引导，继续全面推广稻鱼共生轮作等新模式新技术，有效扩大稻渔综合种养的规模，拓展发展空间，发挥其改善生态、提高品质、提升效益的绿色发展功能。同时提升标准化、规模化和品牌化水平，增强产业竞争力和持续发展能力。

2. 继续完善稻渔综合种养全产业链

按照做强一产、做优二产、做活三产的要求，在继续大力推广稻渔综合种养一产的基础上，以规模化基地和粮食功能区为示范样板，鼓励支持种粮大户和企业落实稻鱼初级加工业配套，继续加强稻渔综合种养基地的品牌建设和营销宣传，发展电子商务营销，线上线下互动，不断提高稻渔综合种养产品的知名度，增加产品市场份额。

3. 持续推动稻渔综合种养与休闲旅游业融合发展

将休闲渔业发展的理念融入本省稻渔综合种养业，支持鼓励建设稻渔综合种养与休闲旅游有机结合的示范基地。通过完善基础设施和配套设施，增加休闲体验和旅游观光新项目，吸引更多消费者走进基地、体验渔农传统文化、品尝美味农产品，持续增加稻渔综合种养业的发展后劲，探索发展新动能，提高发展档次，推动产业转型升级。

（浙江省水产技术推广总站）

七、山东省水产技术推广体系经费保障情况

（一）水产技术推广体系建设现状

1. 机构设置、队伍建设

（1）渔技推广体系基本完善

目前，山东省有省级推广机构 1 个，市级推广机构 16 个（不含青岛，下同），县级推广站 131 个，乡（镇）级站 1 060 个，基本建成了结构较为合理的省、市、县、乡四级渔业技术推广体系。全省各级推广机构编制数为 3 209 人，包括省市级编制数 233 人，县级编制数 1 137 人，乡（镇）级编制数 1 839 人；其中专业技术人员占 77%，中级以上职称占 40%；大专及以上学历人员占 66%。形成了以省级推广机构为龙头，市级推广机构为骨干，县、乡（镇）水产站为基础的渔业技术推广人才队伍。

（2）基层推广管理体制情况

管理方式上，市级渔业技术推广机构除济宁、日照、烟台属于独立法人机构外，其余均隶属市水产局，人、财、物由市局管理，业务开展由市局和省站双重管理；县级渔业技术推广机构隶属县水产局，人、财、物由县局管理，业务开展由县局和市站双重管理；乡镇级渔业推广机构归各乡镇（街道）人民政府统一管理，业务接受县海洋与渔业局指导。有的乡镇将渔业纳入到大农业中进行综合管理，配备专人分管渔技推广工作，人、财、物归各乡镇（街道）人民政府管理，业务接受县海洋与渔业局指导。

2. 承担的公益性职责、履职要求以及取得的主要成效

全省各级水产技术推广机构主要职能为：宣传、贯彻执行国家有关渔业的方针、政策和法律、法规；制订水产技术推广计划、规划，并组织实施；重大关键技术、优良品种的引进、试验、示范和推广，水产养殖病害及疫情的监测、预报、防治和处置；渔用饲料、药物等投入品的科学使用指导，水产品生产过程中的质量安全技术指导；渔（农）民的公共培训教育和渔业公共信息服务；指导渔业产业化服务组织发展；苗种生产管理、试验示范基地建设技术服务等。乡镇站除承担前述公益职能外，还需要完成所属乡镇政府安排的其他多项工作。

各级渔技推广机构紧紧围绕本省渔业中心工作，结合各地实际情况和政府总体规划，坚持强化职能、创新亮点、狠抓落实，着力加强基层渔业技术推广体系改革与建设补助项目实施、渔业技术推广示范区建设、渔业信息化建设和公共服务能力提升，为助推"海上粮仓"建设提供了强有力的技术支撑。

（1）基层渔业技术推广体系改革与建设补助项目取得显著成效

自 2012 年开始，本省切块实施基层渔业技术推广体系改革与建设补助项目，每年项目资金 2 000 万元，在示范基地建设、主推技术、主导品种、渔技人员培训、科技入户等方面取得突破性进展。2017 年项目在全省 16 个市 83 个渔业县（市、区）实施，覆盖面

达全省水产养殖面积的 80％以上，基本实现渔业重点县全覆盖。建设渔业科技试验示范基地 83 处，培育渔业科技示范户 1.35 万余户。继续巩固完善部、省、市、县四级管理体系，进一步完善"专家 技术指导员-示范户-辐射带动户"技术服务模式，建立健全县、乡、村渔业科技试验示范网络。成立推广联盟和专家服务团队，进一步完善科技推广服务体系。组织开展了"春夏秋"三大行动，进村入户开展技术服务。积极组织开展渔业"精准服务"、建立渔业专家服务基地等科技服务活动，年内入户指导 10 万余户次。积极开展国家示范站创建，18 个县级渔业技术推广站被确认为"全国基层水产技术推广示范站"，有效提升了基层水产技术推广机构依法履职能力。

（2）大力推进渔业信息化建设，创新渔技推广工作机制

从 2011 年开始，各级渔技推广机构大力开展"山东省渔业技术远程服务与管理系统建设"，整合各类项目资源，不断拓展渔业信息化应用范围。目前，全省已建成省级平台 1 个，市级平台 10 个，县级平台 94 个，企业平台用户 217 家，技术指导员手机用户 2 000 余人，手机客户端普通用户 16 000 余人（其中合计注册渔民用户近万户，标注养殖场 5 300 余个）。系统运转情况良好，基本覆盖全省重点渔业县区。

（3）多措并举，组织开展渔业职业技能鉴定与培训工作

2013 年来省站在烟台、临沂、济宁、滨州、泰安、日照、威海、德州、聊城、青岛 10 市的 10 个培训基地分班次培训了来自全省 83 个项目示范县的 5 400 余名基层渔技推广人员，年培训 1 000 余人次，有效解决了基层渔业技术推广人员责任与素质、学历与学术、职称与能力、理论与实践相脱节以及知识更新慢等问题，从整体上提高了基层渔技人员的技术水平和业务能力。组织开展省级关键技术培训，结合当地渔业产业特点和渔民需求，在渔业产业优势区域设置培训班，对渔业生产骨干采取集中培训与科技下乡、开设田间课堂、行业智力扶贫等相结合的方式，年培训新型渔民 10 000 人左右。组织全省业务骨干或考评人员参加全国督导员、考评员培训及考评技术提升培训。在有条件的职业院校开展职业技能鉴定。组织开展水生动物病害防治员工种技能竞赛，开展岗位练兵及网上学习活动。在第二届全国水产技术推广职业技能竞赛中，本省代表队获得团体一等奖。

（4）深入开展水生动植物疫病防控工作和规范用药科技下乡活动

坚持常规测报、直报点快报和水产病害精准测报相结合，认真抓好水产养殖动植物病害测报工作。2017 年，组织全省 16 市 349 个测报点开展水产养殖动植物病害测报工作，测报面积约 55.6 万亩，约占全省水产养殖面积的 5.1％。在 11 市 27 县共设置 40 个监测点，统计测报数据 4 372 条，快速处置病例 40 余起。组织开展水产养殖病害防治科技下乡活动，组织 4 期病防工作研讨培训班和病害防治技术培训班，培训各级水生动物防控人员 1 200 余人。组织健康养殖技术培训班 292 期，培训约 28 500 人次。重点开展渔药减量行动和"治未病"试验试点，通过集成绿色生态养殖技术、病害综合防控技术、精准使用渔药技术、养殖全程质量监控技术等措施，扎实开展规范用药科普下乡活动，指导渔民规范用药，逐步减少水产养殖中渔药使用量，实现渔药减量、渔民增收和渔业增效。

（5）做好信息采集，助力政府决策和渔业生产

在 14 个市的 26 个采集县、63 个采集点开展信息采集工作，采集 8 大类 22 个品种，基本涵盖本省主要养殖品种。根据采集的数据，2017 年水产品总体稳定，全省采集点出塘总量同比减少 2.56%；出塘收入同比增加 0.96%；有 8 个品种出塘价格出现上涨，10 个品种出塘价格下跌；主要养殖品种大菱鲆和海参价格分别上涨 32.81% 和 15.33%。

（6）整合各类项目资源，开展新品种引进试验示范和新技术的推广应用

近几年，每年由省站牵头承担并组织实施 3~5 个省财政推广项目，每个推广项目由 3~25 个不等的基层渔技推广机构或者渔业企业、渔业经济合作组织承担实施，每个项目承担单位由省财政支持 20 万~30 万元的推广经费。项目的实施有效锻炼了队伍，提升了技术人员业务素质和技能水平，显著提高了技术推广应用效果，实现了渔业增效、渔民增收，得到了社会和上级有关部门的肯定。

（二）经费保障情况分析

1. 经费来源、保障机制以及近几年的变化情况

（1）经费来源

基层推广机构除少部分差额拨款事业单位以外，大多数为财政全额拨款，经费均主要来源于县级财政。基层推广机构人员工资能够得到保障。除人员工资外，工作经费与上级行政单位工作经费综合计算，不独立计算。县财政主要负担人员经费，业务补助经费很少或者没有，基本没有专项推广经费。乡镇水产站人员工资由乡镇农业综合服务中心发放，无专门的业务经费。农业综合服务中心人员经费由县财政预算，但推广经费没有列入财政预算，并且工资由各乡镇财政发放。推广人员往往被抽调负责乡镇计划生育、税务、水利等其他工作，从事水产技术推广工作的时间和精力受到影响。水产技术推广机构工作经费主要有两个来源：一是基层渔业技术推广体系改革与建设项目经费，二是省财政支持农业技术推广项目经费，除此之外基本没有其他专项工作经费来源。对于项目资金，实施单位严格按照财政专项资金管理的有关规定，规范资金使用方向，细化支出范围，切实加强对项目资金使用与监督管理，确保专款专用。通过规范各项管理制度，建立相应工作手册，记录每笔报账和领取补助的事项和金额，并进行公示，以备查询和检查，确保工作经费用到实处。

（2）经费保障机制

大部分地区尚未出台保障基层水产技术推广机构工作经费的相关地方法规及政策。各基层水产技术推广机构工作经费保障主要是地方财政的保障和项目推广保障。虽然未出台具体的地方法规和政策，但推广人员工资基本都可以得到保障，使得水产技术推广机构工作可以顺利开展。大多数渔业重点县区依靠项目申请可以得到更好的技术推广工作经费保障。出台政策的地区如烟台市，市政府根据《山东省人民政府关于深化改革加强基层农业技术推广体系建设的意见》精神，结合实际颁布了《烟台市人民政府关于深化改革加强基层农业技术推广体系建设的实施意见》。实施意见明确指出健全经费保障机制，要求各县市区要采取措施，保证公益性农业技术推广机构履行职能所需经费并全额列入财政预算，同时将重大农业技术推广、新型农民培训列入财政专项。政策的实施为水产技术推广工作的顺利进行提供了保障。

(3) 经费保障的新举措

基层推广机构除少部分差额拨款事业单位以外，大多数为财政全额拨款，经费均主要来源于县级财政，省级和市级财政拨款较为欠缺，经费来源途径相对单一。按照新修订的《中华人民共和国农业技术推广法》相关规定，国家将逐步提高对农业技术推广的投入。各级人民政府在财政预算内应当保障用于农业技术推广的资金，并按规定使该资金逐年增长。地方各级人民政府应将水产技术推广经费纳入财政预算，按照推广机构职工编制标准、工资标准和机构建设标准、人均公用经费标准等，及时足额拨付推广经费。基层水产推广机构的经费拨付应以县级财政为主、地方财政和省级财政积极扶持的原则，逐步提高省级和市级财政预算所占比例，改变基层推广机构过度依赖县级财政的现状。

山东省为了落实新推广法，在经过大量调研基础上，于 2017 年 12 月出台《山东省加强基层农技推广人才队伍建设的二十条措施》（鲁农科技字〔2017〕27 号），措施中明确了基层农技推广机构性质为公益一类事业单位，实行全额预算管理。认真落实乡镇农技推广人才相关待遇，同时将强化乡镇农技推广机构服务手段。保障乡镇农技推广机构日常业务经费，每人每年不低于县级一类部门预算水平，并给予重点保障。省财政每年筹集资金8 000 万元，支持基层农技推广机构面向新型农业经营主体广泛开展农技推广服务，保障乡镇农技推广机构基础设施建设。每年免学费定向培养 200～300 名基层农技推广人才。

2. 各级水产技术推广机构工作经费保障标准分析

经调研统计分析，基层推广机构的工作经费保障内容应该包含机构日常的办公经费（水电费、纸张费、打印费、邮电费、通讯费、维修费）、试验示范基地的业务经费（苗种费、饲料费、药物费、水电费）、实验室业务经费（试剂费、设备损耗费、劳务费）、科技服务下乡业务经费（交通费、差旅费、咨询费）、人员培训业务经费（打印费、材料费、会议费）。以目前的服务规模和绩效为主要依据，人均年工作经费最低保障标准应为 3 万元左右，并针对不同市县的经济发展程度，对工作经费进行调整。对经济欠发达地区适当提高工作经费最低保障标准。

3. 经费保障工作中存在问题

基层推广人员工资待遇偏低，造成人才队伍积极性和稳定性得不到保障。差额单位人员工资难保障，新增职能得不到财政支持。除了人员工资以及有限的人头经费外，市、县、乡财政无力拿出更多的资金投入科技推广。项目经费所占比例太少，科研项目、技术推广项目、下基层服务等经费均需通过承担专项、科研立项和与科研院所合作来解决。区域发展不平衡，内陆地区经费远远落后于沿海地区。

体制不顺也影响了基层水产技术推广机构工作经费保障和工作开展。基层推广机构尤其是乡镇级的推广机构，大多以综合站的形式存在，机构不独立，没有业务经费；行政上依附于乡镇政府，工资与职务晋升由乡镇管理，完成乡镇的中心工作成为第一要务；渔技人员少，混岗混编现象较为严重，渔业主管部门很难对乡镇站进行有效的指导。基层推广机构硬件设施严重不足，特别是在渔业病害防治预报及重大疫病检测手段方面，缺乏必要的水质化验、病害检测仪器与设备；有设备的缺乏开展工作的经费，检测与预防无法做到。

4. 经费保障工作的对策建议

（1）提高认识、加强制度化建设

把握好《中华人民共和国农业技术推广法》核心要义。新《中华人民共和国农业技术推广法》明确了国家水产技术推广机构的性质和所承担的七项公益性职责；明确了水产技术推广机构在机构设置、编制、岗位等管理、建设方面的问题；明确了政府在水产技术推广投入中的主导作用。因此，应继续增强各级贯彻实施《中华人民共和国农业技术推广法》的自觉性，充分认识渔技推广的重要性，把握立法目的和精神实质。提高认识，在水产技术推广机构的公益性属性、编制、投入等方面加强制度化建设，充分认识渔业技术推广体系建设的重要性和紧迫性，将这项基础性、核心性工作摆在更加突出的位置，确保将渔业技术推广工作的各项任务落到实处。

（2）转换机制，完善管理体制

一是要明确职能。明确水产技术推广机构主要承担的是国家公益性职能，根据水产技术推广机构和岗位职责设置，建立和完善保障制度，完善水产技术推广机构管理体制。加强队伍建设和人员管理，从制度上明确岗位职责，明确目标任务，确保推广机构独立、依法履行工作职能。二是创造良好的工作环境。各级政府要为水产技术推广工作的正常、有序开展提供工作和生活条件。三是加强水产技术推广队伍建设。建立基层公益性水产技术人员定期轮训制度，实施基层水产推广人员知识更新和学历提升计划，通过培训解决基层技术推广人员素质不高、知识陈旧的问题；鼓励水产专业大学毕业生充实到基层水产技术推广机构，解决基层推广人员老化的问题。四是水产技术推广机构要联合科研教学单位、社会团体、专业合作社、涉渔企业、养殖大户等服务力量，为广大渔民提供全面的技术服务，加快形成"一主多元"的渔业技术推广服务体系。

（3）发挥优势，强化公共服务能力

以强化农业公益性服务体系为契机，加快推进以国家水产技术推广机构为主体的渔业公共服务体系建设。一是强化推广机构的职能，加大科研和推广力度，进一步整合水生动物疫病防治、水产品质量安全检测、新型渔民培训等公共服务职能，促进推广机构向"一站多能"的方向发展。二是完善县级疫病防治站建设，通过成立专门的机构或加挂牌子等方式，整合机构、扩充职能、充实人员、提升条件，建设"多位一体"的渔业公共服务体系。三是当地推广机构要与科研院所加强合作，充分发挥人才和设施优势。结合地区特点，开展相关的生产试验，不断提高产学研推结合的紧密程度，形成一批适合本地区的渔业科技成果。

（山东省渔业技术推广站）

八、四川省水产技术推广试验示范基地建设

四川省水产技术推广工作围绕水产品安全有效供给和农渔民持续增收的主要任务，以示范基地建设为突破口，以现代渔业发展为主攻方向，加快转方式、调结构步伐，着力构建现代渔业产业体系和支撑保障体系，实现了渔业经济"十连增"，为繁荣农村经济、保障市场水产品安全有效供给和促进农渔民增收作出了积极贡献。"十一五"以来，全省共建立水产综合性示范基地 250 余个，涵盖新品种、新技术和一二三产业，有力地促进了全省水产业的发展。2016 年全省水产品总产量达到 145 万吨、渔业经济总产值达到 378 亿元、农民年人均渔业收入达到 598 元、渔民年人均纯收入达到 15 063 元，分别比 2005 年增长 95.9%、223.1%、243.7%、241.6%。新品种、新技术、新模式在水产业中贡献率达到 70% 以上，其中名优经济鱼类养殖中鲇、鲴、长吻鮠产量和稻田养殖面积位居全国前列。渔业规模化率达 40%，全省渔业企业超过 1 500 个，渔业专业合作社达到 2 365 个，休闲渔业基地超过 1 000 家。

（一）突出重点，分类建设示范基地

按照农业部"创新优先绿色发展"和"一二三产业融合发展"的总体要求，结合四川省水产业实际，有重点地开展了示范基地建设。一是抓水库生态养殖示范基地建设。通过限制和取缔网箱养鱼和施肥养鱼，建立黑龙潭、三岔湖、鲁班等水库生态养殖示范区，并以此为导向，开展了百万亩生态养殖推广活动，初步实现水库养殖优质高效绿色环保。二是抓水产健康养殖示范基地建设。以水产保增工程项目、渔业标准化建设项目和农业部水产健康养殖示范场创建活动为抓手，大力推广水产健康养殖技术，加强示范基地基础设施和装备水平建设。近年来，本省共创建全国水产品质量安全示范县 1 个，农业部渔业健康养殖示范县 1 个、农业部健康养殖示范场 284 个，认证无公害水产基地 299 个、面积 67.28 万亩。三是抓稻渔综合种养示范基地建设。自 2011 年起，四川省建立崇州、邛崃、隆昌、内江市中区、江油、泸县、资阳雁江 7 个稻渔综合种养示范基地，示范面积 2 万余亩，优选出"川优 6203""川优 8377"等水稻品种，形成了"绿色防控＋强化栽培技术"等高效栽培技术，集成系列"稻-渔"田间工程建设技术和种养技术标准及技术规程。2016 年，全省稻渔综合种养面积 120 万亩、产量 12 万吨、渔业产值 30 亿元、综合效益 72 亿元。四是抓休闲渔业示范基地建设。本省休闲渔业示范基地主要依托城市区位、自然资源、乡村旅游的特点进行布局，通过宣传和创建活动，推动休闲渔业发展。目前已有全省最美渔村 1 家，全国休闲渔业示范基地 20 家，省级示范农庄（水产）4 个，各类休闲渔业点超过 1 000 家，休闲渔业产值达到 32 亿元。五是抓苗种繁育示范基地建设。通过加强对 2 个国家级和 42 个省级原良种场的基础设施建设和规范化管理，以及对各种苗生产企业进行有效监管，使本省种苗生产迈向规模化、专业化、产业化，形成了全国著名的眉山黄颡鱼种苗繁育基地，对全省苗种繁育生产起到了积极的示范作用。2016 年，全

省生产鱼苗 251.6 亿尾、大规格鱼种 17.75 万吨。

（二）党政重视，明确落实政策扶持

近年来，四川省人民政府办公厅连续多年印发通知要求加快发展现代水产业，明确水产品主产区人民政府要把水产业纳入当地经济社会发展规划，落实好强农惠农政策，引导和鼓励发展池塘精养、水库湖泊生态养殖、粮经复合稻田养鱼，实施池塘标准化改造和配套设施建设，推进水产健康养殖示范场（区）建设，推广水产良种良法、标准化生产、节水节地设施渔业、先进渔机渔具和节能减排技术。2015 年 3 月，中共四川省委省政府办公厅印发了《关于进一步引导农村土地经营权规范有序流转发展农业适度规模经营的实施意见》，进一步明确了水产用地、用电和用水政策。水产养殖池塘、工厂化养殖池和进排水渠道、育苗育种场所、简易生产看护房等生产设施用地按农用地管理，不需办理农用地转用审批手续。渔业生产用电执行农业用电价格。

省水产局在每年的工作计划中，明确把建立水产示范基地作为重要内容，在资金上予以重点支持。各级农业主管部门，把水产养殖示范基地作为现代农业示范基地建设内容。成都市每年落实 3 000 余万元用于水产基地建设。其余各市（州）及宜渔县（市、区）政府也通过出台文件、召开会议、领导批示等多种形式就加快发展现代水产基地建设作出部署和要求，纷纷出台优惠政策，加大投入。近五年来，中央、省、市各级财政对水产的投入逐年增加，累计投入 10 多亿元，带动农渔民和渔业企业累计投入超过百亿元。

（三）改革创新，充分发挥体系作用

全省现有水产技术推广机构 1 281 个，其中省级站 1 个，市级站 18 个，县级站 130 个，区域站 61 个，乡级站 1 071 个。现有机构编制人数 2 933 人，实有人数 2 542 人。为了充分发挥推广系统活力，更好地为水产示范基地建设和水产业服务，重点抓了四项工作。一是认真贯彻落实《中华人民共和国农业技术推广法》《四川省政府关于进一步推进基层农业技术推广体系改革与建设的意见》（川府发〔2007〕11 号）和《中共四川省委、省政府办公厅关于转发〈关于进一步健全乡镇或区域公益性农技推广体系的意见的通知〉》（川委办〔2011〕29 号）精神，进一步巩固水产技术推广体系改革与建设成果，提升渔业关键技术推广、水生动物疫病防控、水产品质量检验检测等技术服务能力，加快技术推广的体制机制创新步伐，着力提升人员素质和服务效能。二是创新技术推广服务机制。在示范区建设的过程中，广汉市整合农村服务资源，鼓励水产企业、合作社和个人利用自身优势，成立农业专业服务平台，为农业生产经营提供全程服务；鼓励农业院校毕业生从事农技推广工作，完善科研、教学和推广机构联合服务机制，促进产学研推有机融合；推行农技员联户制度，加强监督考核，完善补助经费与服务绩效挂钩制度。眉山市东坡区委、政府出台的《关于优化农业产品产业结构助推农业提质增效的实施意见》（眉东委发〔2007〕44 号）中明确鼓励农业专业技术人员领办、创办农业产业基地或以技术入股，并建立乡土人才职称评定激励机制。三是积极引导养殖户参与示范基地建设。按照"政府引导，农民自主"的原则，积极引导农民参与，全力搞好服务。组织示范区乡村干部和群众到先进地区参观学习，开阔视野，引导农民接受新的思想观念，主动配合示范基地建设。四是做好养殖技术指导、技术培训和技术服务。搞好鱼类病害检测，池塘水质分析，以及渔药、渔饲料和苗种选购咨询等工作；完善示范区基础设施配套，为示范基地建设打下坚实基础。

（四）龙头引领，创新基地建设新模式

1. 通威"眉山助养模式"

通威公司通过实施"通威鱼"品牌战略，采用"公司＋合作社＋养殖户"的销售网络，充分发挥龙头企业带动作用，鼓励养殖户从传统养殖转型到规模化专业养殖。公司与合作社建立合作关系，力求产品"合同化，订单化"，使分散经营与市场有机结合起来，保障养殖户随着产业发展实现持续稳定增收。公司创建担保体系，向农民提供资金扶持，促进基地养殖业集约化、规模化发展。在通威公司的帮扶带动下，眉山市已建立30个水产养殖示范基地，成为全省重要的苗种繁育和商品鱼养殖基地，连接16家水产专合组织，发展基地养殖户7 000余户，统一使用"通威鱼"品牌。公司为2 980户养殖户提供资金支持及担保贷款4 868万元，帮助养殖户实现了持续增效。

2. 凤凰"西昌模式"

成都凤凰饲料有限公司通过实施"信息-优质种苗-优质饲料-科学饲养-防病治病-产品销售"产业一体化模式，采取"公司＋基地＋专合组织＋农户"产业化经营方式，带动养鱼户持续稳定地增收增效。凤凰"西昌模式"已建立15个水产养殖示范基地，连接10家水产专合组织，发展基地养殖户5 100户，并为2 050户养殖户提供资金支持及担保贷款3 175万元。

（四川省水产技术推广总站）

03

第三部分 全国水产技术推广总站推广示范的八类模式

一、稻渔综合种养模式

稻渔综合种养根据生态经济学原理和产业化发展的要求，对稻田浅水生态系统进行工程改造，通过水稻种植与水产养殖、农机和农艺技术的融合，实现稻田的集约化、规模化、标准化、品牌化的生产经营，能在水稻稳产的前提下，大幅度提高稻田经济效益，提升产品质量安全水平，改善稻田的生态环境，是一种具有稳粮、促渔、增效、提质、生态等多种功能的现代农业新模式。

（一）模式特点

一是突出以粮为主。坚持"以渔促稻"发展方针，要稳产量、保产能，坚决防止"挖田改塘"。二是突出生态优先。通过种养结合、生态循环方式实现"减肥、减药、减排"，将稻田生态保护、质量安全保障与绿色有机品牌建设相结合。三是突出产业化发展。倡导"种、养、加、销"一体化现代经营模式与休闲渔业有机结合，延长产业链，提升价值链。

（二）技术要点

1. 田间工程技术

①田埂加固：加高加宽、确保不渗漏、不坍塌。②开挖沟坑：根据水产养殖对象生活习性开挖。③进、排水口：开挖在稻田对角田埂上，使水流畅通；大小根据田块大小和下暴雨时进水量的大小而定，以不逃鱼为准。④防逃设施：进、排水口应设拦鱼栅，防止养殖对象逃跑和野杂鱼等敌害生物进入稻田；河蟹、中华鳖等养殖对象需在稻田四周设防逃设施。

2. 水稻栽培技术

宜选择茎秆粗壮、分蘖力强、抗倒伏、抗病、丰产性能好、品质优、适宜当地种植的水稻品种。共作模式中，水稻栽培应发挥边际效应，通过边际密植，最大限量地保证单位面积水稻种植穴数，如大垄双行、沟边密植。

3. 水产养殖技术

选择适合稻田浅水环境、抗病抗逆、品质优、易捕捞、适宜当地养殖、适宜产业化经营的水产养殖品种。结合水产养殖动物生长特性、水稻稳产和稻田生态环保的要求，合理设定水产养殖动物最高目标单产。

4. 主导模式

①稻-蟹共作（主要分布在东北、宁夏、上海等地区）；②稻-虾连作、共作（包括稻-小龙虾共作、稻-小龙虾连作、稻-青虾连作、稻-青虾-鳅连作等）；③稻-鳖共作、轮作（包括稻-鳖轮作、鳖虾稻共作等）；④稻-鳅共作（包括先鳅后稻、先稻后鳅、双季稻泥鳅养殖）；⑤稻-鱼共作（包括一般模式和稻田蓄水养殖模式）。

5. 施肥技术

施肥把握的原则：基肥为主，追肥为辅；测土配方一次性施肥；追肥结合分段施肥。

6. 水质调控技术

可利用物理调控技术、化学调控技术、水位调控技术、底质调控技术、种植水草调控技术等进行水质调控。

7. 病虫草害防控技术

应用新型设备，以生物防治、生态防控为主，降低农药使用量。

8. 捕捞加工技术

充分利用沟坑，根据养殖生物习性，采用网拉、排水干田、地笼诱捕，配合光照、堆草、流水迫聚等辅助手段提高起捕率、成活率。

9. 质量控制技术

针对稻田环境、水稻种植、水产养殖、捕捞、加工、流通等各环节质量控制，分别制定技术标准和管理措施。

（三）推广情况

一是因地制宜，集成了五大主导模式，并在全国范围推广。二是制定了行业标准，推进稻渔综合种养技术的标准化推广。三是技术创新、人才培养与主体培育同步推进，构建了"五位一体"的技术创新和推广应用平台。2016 年，成立了"中国稻田综合种养产业技术创新战略联盟"，形成"产、学、研、推、用"五位一体的稻渔综合种养产业技术创新平台，在全国建立稻田综合种养示范区 83 个，核心示范面积 100 万亩，联盟成员 102 家。四是完善产业配套体系，推进品牌创建，不断提升产业服务水平。以国家推广体系为依托，积极构建与产业化相关的技术和服务体系，加快培育苗种供应、技术服务、产品营销等方面的经营主体，试点开展稻渔公共品牌创建。

（四）综合效益

一是实现以渔促稻，促进稻田产业化经营。示范区水稻亩产稳定在 500 千克以上，综合效益较水稻单作平均增加 50％以上，农民种稻积极性显著提高。二是实现保渔增收。据初步测算，发展 2 000 万亩新型稻渔综合种养，每年可新增优质水产品 100 万吨以上，新增渔业产值 500 亿元以上。三是实现提质增效。示范区农药和化肥使用量较水稻单作平均减少 50％以上，有的甚至不用化肥农药。稻渔产品质量安全水平显著提高，打造出"稻渔米""稻田鱼"优质健康品牌，稻米和水产品价格大幅上涨，促进了农民增收。四是实现生态环保。通过建立稻渔共生循环系统，提高了资源利用效率，减少了农业面源污染、废水废物排放和病虫草害发生，显著改善了农村的生态环境，并有利于农村防洪蓄水、抗旱保收。

（五）应注意的问题

一是注意通过科学方法，评估和探索稻渔综合种养模式的适宜范围及发展规模。二是注意通过技术创新，加强种植、渔业与农机技术相融合，建设产业化配套技术服务体系。三是注意通过产业政策，增加稻田工程投入，加快新型主体培育，破解稻田分散经营、土地流转难等问题，充分调动各方积极性。

二、池塘工程化循环水养殖模式

池塘工程化循环水养殖模式，俗称跑道鱼模式。池塘养殖是我国水产养殖的主要方式，面积占 38％，产量占 49％。传统池塘土坡泥底、设施简陋、用水量大、养殖废弃物处置难。"十一五"以来，我国建立了池塘工程化改造技术体系。"十二五"期间，国家投资 20 余亿元，开展池塘设施升级改造（主要是护坡、固堤、新挖等）120 余万公顷。

（一）技术要点

1. 小水体推水养殖区

占池塘面积的 2％～5％。一般每 10 亩配 1 条水槽，每条水槽长 25 米左右，宽 5 米左右，水深 2.0～2.5 米（约 0.19 亩，占池塘面积 2％）。小水体推水养殖区内，铺设辅助增氧装置，采用微孔或纳米管增氧。

2. 集污区

在小水体推水养殖区末端，加装底部吸尘式废弃物收集装置，将粪便、残饵吸出至池塘外污物沉淀池中，处理后再利用。每 3 条水槽应建设 2 个相通的体积 10 米^3 的下沉式集污池。

3. 大水体生态净化区

净化区占池塘面积的 95％～98％，设置导流堤，水深 2 米以上。养殖品种以滤食性鱼类为主，水草等水生植物的种植面积控制在净化区面积的 20％～30％。净化区内，配备水车式增氧机、叶轮增氧机、涌浪机等，适时投放微生物制剂等。

4. 动力配备

气提推水增氧动力按每条水槽 1.6 千瓦配备，每条水槽各配套 1 台漩涡式鼓风机，配备 1 台底层增氧鼓风机，动力以 2.2 千瓦为宜。集排吸污泵的功率大小配备一般在 1.5～3.0 千瓦。

（二）主要特点

①现代工程化：对传统养殖池塘进行工程化改造；②高产高效：每平方米水体产量是传统池塘的 70～110 倍；③产品质量提高：产品肉质紧实且无土腥味；④环保美观：鱼类排泄物和残剩饵料的收集率 30％左右，养殖环境美观；⑤智能化水平提高：溶氧精准监测控制、定时自动投喂、断电自动报警。

（三）推广情况

据不完全统计，截至 2016 年，全国 20 个省（自治区、直辖市）开展了池塘工程化循环水养殖，主要分布在江苏（水槽 1 140 条）、浙江（水槽 170 条）、安徽（水槽 167 条）、上海和宁夏（水槽 96 条），其中 450 多条水槽已投入运行。

（四）综合效益

经济效益方面：据江苏试点效果，养殖鲈等品种，水槽养殖平均产量约 102 千克/米^2，折算后比当地普通池塘单位产量提高 20％～30％，按大塘计算平均亩利润 5 000 元以上；据北京试点效果，养殖草鱼、鲤等品种，水槽养殖平均产量约 75 千克/米^2，折算后比当地普通池塘单位产量提高了 1 倍，按大塘计算平均亩利润约 1.3 万元；据宁夏试点效果，养殖草鱼、鲤等品种，水槽养殖平均产量 157～247 千克/米^2，折算后比当地普通池塘养殖单位产量提高 1.7～2.7 倍，按大塘计算平均亩利润约 4 000 元。

生态效益方面：有关试验数据显示，生态工程化养殖的池塘排水量较传统池塘减少 63.6％，总氮、总磷、化学耗氧量分别降低 88.4％、93.6％和 81.9％。

（五）应注意的问题

一是注意池塘植入工程化改造，是否改变土地属性；二是不可利用湖泊、水库等公共自然水域开展工程化循环水养殖；三是要关注吸污效率和大水体净化效率，避免盲目追求单产。

三、集装箱养鱼模式

以集装箱为载体的循环水养殖是水产养殖从工厂化到工程化再到工业化的一种有效推进模式。2015 年广州华大锐护科技有限公司率先研发出集装箱养鱼模式，随后河南、广西、贵州等地分别将该模式作为扶贫项目予以引进推广。

（一）模式概述

养殖用集装箱最初由废旧集装箱改造而成，随着研究的深入，目前已升级为专用定制的标准集装箱，单箱长 6.3 米×宽 2.4 米×高 2.6 米，可容纳 25 米³ 水体，使用寿命 20 年。同时箱底改为 10°斜坡，便于集污排污、无伤出鱼等操作；顶部开设 4 个天窗，使补饵饲喂、鱼情观察、设施管理、应急处置等更加便利精准。

1. 模式分类

根据水处理方式不同，集装箱养鱼分为两种模式：陆基推水式和"一拖二"式。

陆基推水式：在池塘岸边摆放一排集装箱，将池塘养鱼移至集装箱，箱体与池塘形成一体化的循环系统，从池塘抽水、经臭氧杀菌后在集装箱内进行流水养鱼，养殖尾水经过固液分离后再返回池塘处理，不再向池塘投放饲料、渔药，池塘主要功能变为湿地生态池。

"一拖二"式：包括 1 个智能水处理箱和 2 个标准养殖箱，一般采用地下水。全程封闭水处理是该模式的核心和关键。系统集成了水质测控、粪便收集、水体净化、供氧恒温、鱼菜共生和智慧渔业等六个技术模块，通过控温、控水、控苗、控料、控菌、控藻"六控"技术，达到养殖全程可控和质量安全可控，实现养殖智能标准化、绿色生态化、资源集约化、精细工业化。

2. 适养品种

罗非鱼、翡翠斑（宝石鲈）、巴沙鱼、海鲈、老虎斑、金鲳、乌鳢、鳜、加州鲈、黄河鲤、黄颡鱼、南美白对虾、斑节对虾、澳洲龙虾等名优品种。

（二）优势

1. 节约资源

集装箱养鱼可以节约水、地等资源，具体体现在：①陆基推水式节地 75％；"一拖二"式节地 98％；②陆基推水式无需清塘清淤；"一拖二"式全封闭式运行；③集约养殖，饲料利用率高；④人工劳动强度降低、养殖效率提高。

2. 品质可控

集装箱养鱼模式养殖的鱼类逆水运动、肉质紧实，无土腥味；收获时能够做到无伤收鱼，保障从出箱到餐桌的全程食品质量安全。

3. 智能化管理、标准化生产

集装箱养鱼模式能够实现自动化管理、精细化控制，全程预警、实时监控；同时，养殖环节技术标准化，从而养殖系统稳定性好，养成的鱼品规格一致。

4. 绿色生态

集装箱养鱼模式与生态农业、鱼菜共生等相结合，通过残饵粪便资源化利用，可实现清洁生产、零污染；同时，可满足退渔还湖等生态需求，代替传统养殖方式。

（三）经济效益

陆基推水式：据分析测算，陆基推水式因饲料转化率高、省工省力省电、使用寿命长、抗风险能力强、单位水体产出高等特点，利润可达池塘养鱼的6倍。半年左右即可收回全部投资。

"一拖二"式：从河南实践看，由于利用电厂余热，所以基本没有加热成本，1套"一拖二"式集装箱养鱼模式年利润与当地10亩池塘养殖年利润相当。如果采用扶贫专项资金（补贴）购置集装箱设备，则效益更为可观。

（四）社会效益

集装箱养鱼模式为各地优化产业结构、发展水产业带来了新契机，为不发达地区脱贫攻坚树立了产业扶贫亮点模式，还为保障水产品质量安全、满足人民群众对优质食品日益增长的要求作出了贡献。

（五）生态效益

集装箱养鱼模式通过资源高效利用，有效支撑了水产业绿色发展。该模式可将废污进行集中收集并资源化利用，变废为宝，对生态环境保护也起到了积极作用。同时，该模式可为退渔还湖、退渔还江、退渔还海、塑造美丽海湾提供可靠的解决方案，代替传统网箱养殖，实现离岸养殖、生态重塑。

（六）应注意的问题

一是集装箱养鱼高投入、高收益、高风险，应注意确保电力供应，降低断电风险；二是该模式暂不适合用来养殖大型鱼类和具有领地意识的品种，只适合养殖名优品种（或者反季节生产）；三是陆基推水式在池塘水质较差时，在一定程度上会影响箱内水质；四是"一拖二"式对实验设备、养殖专业技术员等配套要求和技术水平较高，需要完善的软硬条件；五是该模式在北方地区的适用性仍需进一步试验验证。

四、工厂化循环水养殖模式

（一）模式概述

工厂化循环水养殖模式集现代工程、机电、生物、环保及营养与饲料等多学科于一体，在相对封闭的空间内，利用过滤、曝气、生物净化、杀菌消毒等物理、化学及生物手段处理、去除养殖对象的代谢产物和饵料残渣，使水质净化并循环使用，仅需要少量补水（5％左右），可实现水产动物高密度强化培育。该模式具有节约用水、节省用地、污染排放可控、产品品质可控、产能高的优势。

（二）技术要点

养殖车间、水处理设备实行标准化管理。运用现代物联网技术对养殖用水的盐度、溶解氧、pH、温度、氨氮等自动检测并做出相应控制或报警。在线自动监测系统还带有无线传输功能。电气控制系统能控制所有设备运行，监测、显示、记录和警示各设备即时运行参数，遥控和定时控制设备运行。

（三）应用范围

该模式多用于高附加值品种及高附加值的生产方式（如苗种培育等），适宜高密度养殖的品种、对环境变化敏感的品种（如适温范围窄、溶解氧要求高等）以及反季节生产（如北方冬季对虾工厂化养殖）。

目前在我国主要将该模式应用于海水名优品种育苗、养殖，而淡水养殖由于缺少高附加值、适销对路的品种，没有得到广泛应用。目前该模式主要分布在辽宁、天津、山东、福建、浙江、广东等沿海省市及沿长江的淡水养殖主产区。

（四）推广情况

2016 年，全国工厂化养殖水体 6 555 万米^3，产量 40.66 万吨。推广常用养殖密度：海水鱼 30～60 千克/米^3，淡水鱼 80～120 千克/米^3。养殖密度分别是传统流水养殖的 3～5 倍，养殖成本比传统流水养殖下降 10％～30％。

（五）应注意的问题

工厂化循环水养殖模式系统的投资较高、运行能耗较高、管理要求高。要注意其核心技术即水处理技术工艺的应用。

五、鱼菜共生模式

（一）模式发展背景

传统池塘进排水设施不健全，水源不足、换水难，投饵量大，因而造成池塘淤泥深厚、水质富营养化严重。针对以上问题，2010年重庆市水产技术推广站率先集成了鱼菜共生技术模式，并规模化应用于山区、丘陵池塘养殖。目前主要在重庆、四川、云南、天津、湖北、河北等地应用。

（二）模式概述

在鱼类养殖池塘水面种植蔬菜，利用蔬菜根系发达、生长需要大量氮磷的特性，吸收鱼类养殖所产生的粪便残饵等废弃物中的氮磷，缓解池塘水体富营养化；同时蔬菜的光合作用又可增氧，菜筏还可为鱼类遮阳避暑，实现养鱼不换水、种菜不施肥、资源可循环利用。

（三）技术要点

1."一改五化"

"一改"是指改造池塘基础设施，将小塘并成大塘，面积10～20亩，水深2.0～2.5米。

"五化"是指水环境清洁化、养殖品种良种化、饲料投喂精细化、蔬菜品种多样化、病害防治无害化。

2. 蔬菜栽培

选择根系发达，吸收氮、磷能力强的品种（如空心菜）。夏季可种植绿叶菜类（如水芹菜、瓜果类）和水上花卉植物等；冬季可种植西洋菜、生菜等。种植面积最好控制在池塘面积的15%以内。

（四）主要特点

一是该模式具有生态修复的特点，可以修复和保护池塘水体环境，缓解池塘水体富营养化程度。二是该模式节能（水）减排，可降低夏季高温季节养殖用水量，解决缺水地区换水难的问题。三是该模式可实现一水双收，提高水产品品质，同时产出绿色蔬菜，提高综合生产效益。随着技术演变，种菜有望改为种稻、种麦。

（五）推广情况

重庆在"十二五"期间，累计推广24.9万亩。2016年在万州、巴南、璧山、潼南、涪陵等9个区县建立鱼菜共生综合种养示范区25个，示范面积8 200多亩，推广面积8.1万亩，辐射全市所有区县及周边省市超过100万亩。

（六）经济效益

重庆试点成效显示，该模式节约水电投入约 30.6%、减少药物投入约 49.4%；平均亩产水产品 1 318 千克、蔬菜 891 千克，亩产值 1.6 万元，亩利润 4 666 元。亩产值和亩利润比技术应用前分别增加 62.5% 和 132.4%，实现了亩产 1 吨鱼、亩收入 1 万元的"吨鱼万元"目标。

云南试点成效显示，该模式亩投饵量可降低 17.76%，蔬菜亩产 1 743 千克；与对照塘相比，经济效益亩增加 4 106 元。

（七）生态效益

云南试点成效显示，该项技术应用后，可使池塘养殖水体中的氨氮减低 52%、磷酸盐减低 79.89%，对缓解池塘水体富营养化、改善养殖水质效果显著。部分地方政府已把该模式作为美丽乡村建设的主要内容。

（八）应注意的问题

一是该模式主要作为改善水体的模式发展，严禁人为向水体中施肥；二是加强对水质变化的观察和监测，了解实施效果，避免水质调好之后，无限制追求高密度养殖。

六、盐碱地渔农综合利用模式

（一）模式的发展历史

1. 起步阶段

20世纪80年代，盐碱地（水）的利用开始引起了科研关注。"九五"期间设立了"低洼盐碱地治理与开发"等专项，对盐碱地的生态结构、水质特点等开展了研究。

2. 盐碱地渔业开发阶段

20世纪90年代，中国水产科学研究院东海水产研究所开展了盐碱地渔业开发研究，并于2005年成立了盐碱地渔业工程技术研究中心。

3. 技术示范推广阶段

2008年，全国水产技术推广总站联合中国水产科学研究院东海水产研究所以及河北、山东等省站，组织实施了"多类型水质健康养殖技术集成示范推广-池塘健康养殖技术示范"项目，建立了多类型水质、多品种、多模式的盐碱水养殖技术。

4. 技术集成模式阶段

2010年开始，逐渐构建了"以渔治碱、改土造田、渔农并重、修复生态"的技术模式。农业部办公厅印发《2017年渔业扶贫及援疆援藏行动方案》，其中盐碱地渔农综合利用行动成为重要行动之一。

（二）模式概述

该模式是在盐碱地区开挖鱼塘，使地下水迅速汇集并形成水面，用于水产养殖。鱼塘周围的地下水位明显下降，土壤盐分淋溶到鱼塘中，从而降低盐碱土中的pH和盐度；抬高的土壤也可以防止地下水位抬升和土壤返盐，从而改良土壤的物理性状。同时养殖产生的有机质可以培肥，可种植大麦等多种耐盐碱和耐低盐碱植物，实现生态修复。该模式旨在通过发展渔业、生态修复，让昔日白色荒漠的盐碱地变为鱼虾满池的鱼米绿洲。

目前，国内已探索发展出系列化盐碱水质改良技术；建立了适合不同盐碱水质养殖的鱼、虾、蟹等品种和配套种养殖技术；研发了放牧型增殖、标准化池塘精细养殖、苏打型盐碱化芦苇沼泽地的"苇-蟹-鳜-鲷"等多种生态健康养（增）殖模式。经多年探索实践、试验示范，建立了"以渔治碱、改土造田、渔农并重、修复生态"的盐碱地渔农综合利用模式。

（三）技术要点

1. 水质分析及改良技术

对不同的盐碱水进行化验分析，确定水化学类型，选择适养品种。对于水质不适宜养殖的水体，投放适宜型号的水质改良剂（生石灰、草木灰、微生态制剂等）进行改良调节，将其化学组成（pH、碱度和离子组成）调整到养殖品种适宜的生存范围内。

2. 构建盐碱地"台（条）田-浅塘"系统工程

开挖 1～1.5 米深的池塘，取土修筑 1.5～2 米的台田；在台田耕层土（耕作的土壤部分）底部（一般距台田顶部 30cm 左右）铺设秸秆；在台田底部处铺设弧形薄膜和带有孔隙的管道（暗管）。

3. "台田浅塘"种养殖技术

针对不同盐碱水质，一般在滨海区域养殖南美白对虾、脊尾白虾、梭鱼等品种；在内陆区域养殖南美白对虾、罗非鱼、鲫、中华鳖、黄颡鱼、河蟹、鲇等广盐品种，并种植大麦、枸杞、西红柿等耐盐碱或耐低盐碱植物。

（四）推广情况

在江苏、山东、河北、甘肃、宁夏、吉林、山西、河南等不同类型盐碱区域，开展了盐碱地渔农综合利用模式示范推广，取得显著效果。

江苏有滨海盐碱地 980 万亩，其中盐城市就有 683 万亩沿海滩涂。中国水产科学研究院东海水产研究所在江苏大丰设立了盐碱地渔业工程技术研究海丰分中心，建立盐碱地渔农综合开发示范区 1 万余亩，推广辐射 3 万余亩。

河北有低洼盐碱荒地 900 万亩，分布在沧州、衡水、邢台、邯郸等 9 个城市。沧州早在 1998 年就开展了盐碱水养殖试验，目前已建立盐碱地渔农综合开发核心示范区 1 万余亩，带动开发盐碱地 20 余万亩。

甘肃有各类盐碱地约 2 400 万亩。近年来，景泰县引进盐碱地渔农综合利用模式，通过挖塘发展水产养殖，新建标准化池塘 6 800 亩，未来规划发展盐碱水养殖基地面积 2 万亩以上。

（五）应用前景

1. 可拓展渔业发展空间

目前我国水产养殖可利用资源已出现萎缩，迫切需要开辟新的空间。初步测算，如果当前我国盐碱地（水）面积的 5% 得到渔业开发利用，能开拓 1.02 亿亩水产养殖面积，相当于目前水产养殖总面积的 89.5%，前景非常广阔。

2. 可修复生态环境

甘肃景泰县开挖 100 亩鱼塘，可抬田造地 60 亩、恢复周边耕地约 60 亩（1：1.2 的盐碱地改良比例），起到"挖一方池塘，改良一片耕地，修复一片生态"的作用；山东无棣县黄河岛在盐碱地上建设了成方连片的万亩池塘，将农、牧、林、旅游相结合，形成了"上农下鱼""上粮下虾"的景观，生态效果明显。

3. 有利于贫困地区脱贫致富

盐碱地区域地域性经济基础薄弱，通过发展盐碱地渔农综合利用可带动贫困地区脱贫致富如甘肃景泰县目前共有盐碱地水产养殖点 19 处，投资企业 10 家，辐射带动贫困户 1 600 余户，累计带动盐碱区 2 000 多名贫困人口实现稳定脱贫，走上了致富的道路。

七、多营养层次综合养殖模式

（一）模式概述

多营养层次综合养殖模式是在充分利用空间的同时，基于水质调控、生态位互补、营养物质循环利用、生物防病、质量安全控制、减少废物排放等原则，建立的生态调控的健康养殖模式。

（二）主要养殖模式构建

淡水池塘多营养层次综合养殖模式，主要采用"滤食性鱼类-吃食性鱼类、鱼-虾-鳖"等品种组合；海水池塘多营养层次综合养殖模式，主要采用"虾-蟹-贝-鱼""虾-贝-鱼-藻""虾-鱼-参"等品种组合；浅海多营养层次综合养殖模式，主要采用"鱼-贝-藻""鲍-藻-参""滤食性贝类-大型藻类"等品种组合。

（三）典型模式

1. 鱼虾蟹混养——以浙江青虾与河蟹混养为例

一亩放1龄扣蟹种600～800只，或当年豆蟹1 000～1 200只，青虾苗4万尾，1龄鳙、鲢80尾。1龄扣蟹种放养要避开严冬低温期，放养豆蟹则尽量要早，以提高出池规格。

2. 鱼鳖混养——以浙江黄颡鱼与中华鳖混养为例

黄颡鱼：规格10～15克/尾的鱼种，放养密度4 000尾/亩；中华鳖：规格250～400克/只，放养密度100～150只/亩。

3. 斑节对虾与青蟹、黄鳍鲷养殖

以斑节对虾为主养品种，合理搭配青蟹、黄鳍鲷等养殖品种，并辅以鲻、棱鮻等底泥腐屑食性鱼类进行生态养殖。斑节对虾苗规格为全长1.0厘米以上，每次放养15万～30万尾/公顷；蟹苗壳宽1.0厘米以上，春季放养1 500～3 000只/公顷，夏季放养4 500～7 500只/公顷；黄鳍鲷鱼苗规格为全长12.0厘米以上，放养1 500～3 000尾/公顷；棱鮻、鲻鱼苗规格为全长3.0厘米以上，放养棱鮻1 500～3 000尾/公顷，放养鲻450～750尾/公顷。

（四）推广情况

该模式已在辽宁、山东、天津、河北、浙江、福建、湖北等20几个省（直辖市）进行试验示范推广。如海水池塘模式已在山东、天津、河北等地建立核心示范区24.9万亩，辐射全国100万亩以上。主要有"虾-蟹-贝-鱼""虾-鱼""虾-蟹-贝""刺参-海蜇-对虾-扇贝""罗非鱼-对虾-牡蛎-江蓠""贝-藻"等14种不同组合模式。

（五）经济效益

日照开航公司 400 亩的"对虾-梭子蟹-菲律宾蛤仔-半滑舌鳎"生态养殖模式，亩产中国对虾 80 千克以上、三疣梭子蟹 90 千克以上、菲律宾蛤仔 350 千克以上、半滑舌鳎 25 千克以上，每亩产值近 1.5 万元。菲律宾蛤仔和半滑舌鳎为副产品，产值 5 000 多元，增效 50％以上。

（六）生态和社会效益

与单养相比，"对虾-青蛤-菊花心江蓠"养殖模式水体中的总氮和总磷分别下降 42.6％和 31.7％，底质总有机碳下降 200％多，排污率下降超过 100％。

八、深水抗风浪网箱养殖模式

（一）模式概述

模式概况：在相对较深海域（通常为水深 20 米以上）开展深水网箱养殖，网箱具有较强的抗风、抗浪、抗海流的能力。

结构组成：深水网箱的结构主要有网箱框架、养殖网衣、锚泊系统以及配套设施（水下监控，自动投饵，自动收鱼，水质监测，高压洗网机械等）。

发展优势：拓展养殖海域，减轻环境压力；优化网箱结构，抵御风浪侵袭；改善养殖条件，改进鱼类品质；加快鱼类生长，减少疾病危害；扩大养殖容量，提高生产效率；增加科技含量，提升产业水平。

（二）技术要点

将计算机控制、新材料、防海水腐蚀、抗紫外线（防老化）、配套机械仪器制造等多门技术集于一体。

网箱结构安全核心技术：框架抗屈服应力协同技术、弹性锚泊系统技术、网衣预应力动态加载技术。

新生产模式核心技术：环境空间协同、箱养容量协同、产供销联协同等技术。

网箱工程设计边界条件：高密度聚乙烯管材径厚比≤17.0、框架直径与常规波长比≥1.5、网箱选址海域流速<0.75 米/秒、水深与网衣高度比≥2.0、锚绳长度与水深比≥4.0、圆台形网衣锥度≥28°。

（三）推广应用

2016 年，全国深水抗风浪网箱养殖水体 1 067 万米^3，产量 11.9 万吨；主要分布在海南、山东、广西、浙江等省（自治区），养殖品种主要是大黄鱼、美国红鱼、军曹鱼、卵形鲳鲹以及鲷科鱼类、鲆鲽类等。

（四）应注意的问题

一是注意网箱设置要符合生态环保要求，禁止在国家生态保护红线（重点生态功能区、生态敏感脆弱区、禁止开发区等）内新建深水网箱；二是注意网箱设置要符合区域深水网箱发展规划和全国海洋功能区划，按照养殖容量科学布局。

（五）发展前景

在政府政策支持下，深水网箱养殖业有望成为我国海洋经济新的增长点，迎来新一轮的发展机遇。

1. 深水网箱大型化、超大型化发展

由武昌船舶重工集团设计建造的世界首座、规模最大的深海半潜式智能养殖场"海洋渔场 1 号"于 2017 年 9 月 11 日在挪威弗鲁湾完成卸货。"海洋渔场 1 号"可在开放海域 100 米至 300 米水深的区域进行三文鱼养殖，可年产 150 万条三文鱼。

2. 养殖工船等综合养殖平台起步

中国海洋大学、武船重工湖北海洋工程装备研究院有限公司、日照市万泽丰渔业有限公司三方签订了"深蓝 1 号"大型智能网箱制造协议。"深蓝 1 号"箱体周长 180 米，高度 30 米，有效养殖水体 5 万米^3，可养殖鲑鳟鱼类 30 万尾，年产量 1 500 吨。

第四部分 2007—2016年全国水产技术推广体系情况分析

一、2007 年全国水产技术推广体系情况分析

据 30 个省、自治区（西藏除外）、直辖市和新疆生产建设兵团的水产技术推广机构统计，2007 年全国水产技术推广机构总量基本保持稳定，全国水产技术推广人员变化较大。具体情况如下：

（一）全国水产技术推广机构数量及性质和经费保障情况

1. 全国水产技术推广机构数量总体稳定，各省份有所变动，区域站有所增加

2007 年省、地（市）、县、乡四级水产技术推广机构 13 163 个，比上年增加 20 个，其中水产专业站 3 925 个，比上年增 469 个；综合站 9 238 个，比上年减少 449 个。省级水产技术推广机构数保持不变。地（市）、县级水产技术推广机构数略有减少，其中地（市）级水产专业站 270 个，比上年增加 1 个，综合站 46 个，比上年减少 9 个；县级水产技术推广机构中专业站为 1 562 个，比上年减少 24 个，综合站 546 个，比上年减少 33 个。乡级机构略有增加，但各省份变化差异大，而且区域站有所增加，体现了基层机构改革有所推进。区域站 231 个，比上年增加 158 个，乡镇站 10 472 个，比上年减少 73 个。机构增加的有 15 个省（自治区、直辖市），共增加 571 个；机构减少的省（自治区、直辖市）有 15 个，共减少 551 个。新疆生产建设兵团水产推广机构数保持不变。增加数量较多的 3 个省（自治区）：湖北增加 195 个，广西增加 116 个，山东增加 75 个；减少数量较大的 3 个省：福建减少 92 个，黑龙江减少 79 个，湖南减少 62 个。

2. 全国水产技术推广机构单位性质呈现"两头增加、中间下降"的趋势，经费保障有所改善

在 13 163 个全国水产技术推广机构中，全额拨款单位 8 371 个，占总单位数的 64%，比上年增加了 570 个；差额拨款单位 2 778 个，占总机构数的 21%，比上年减少了 968 个；自收自支单位 2 014 个，占总机构数的 15%，比上年增加了 378 个。

2007 年总经费为 81 565 万元，其中人员经费为 60 111 万元、业务经费为 21 454 万元，均比上年增长 19%。由于各地财政对推广机构支持力度逐渐加大，2007 年水产推广机构经费保障有所好转。

（二）全国水产技术推广机构人员及学历情况

1. 全国水产技术推广人员数量变化大

全国水产技术推广人员编制数 37 885 人，比上年减少 5 575 人。全国水产技术推广人员实有数 36 021 人，比上年减少 7 621 人，下降 22%。其中乡级人员 16 076 人，比上年减少 8 518 人，降幅达 35%。实有人数增加的 11 个省份共增加 2 183 人。实有人数减少的 20 个省份共减少 9 804 人。造成人员数量变化大的原因：一是 2007 年各地乡镇综合改革和基层农技推广体系改革稳步推进，部分地区水产技术推广机构合并、机构人员精简分

流；二是 2006 年部分地区统计数据中将许多综合站中从事其他行业的人员一并统计在内，造成人员数量虚增。

2. 全国水产技术推广人员技术职称构成相对稳定、学历水平有所提高

全国水产技术推广人员技术职称中，高级职称有 1 732 人，比上年减少 58 人；中级职称有 8 201 人，比上年减少 40 人；初级职称人员有 14 766 人，比上年减少 3 751 人。高、中级职称人员相对稳定，而初级职称人员主要分布于乡镇级机构中，因乡镇人员基数存在较大差异导致初级人员数量变化大。

全国水产技术推广人员学历：本科以上学历人数 5 252 人，占总人数的 15%，与上年的 13% 有所上升；大专学历人数 11 398 人，占总人数的 32%，比上年 27% 有较大的上升；中专学历人数 10 460 人，占总人数 29%，比上年 28% 略有提高。中专以上学历人数 27 110 人，占总人数的 75%，比上年 68% 有较大提高。各地水产技术推广机构近几年来将一些大中专毕业生充实到推广队伍中来，使全国水产技术推广人员学历水平不断提高。全国水产技术推广机构的技术人员数为 25 951 人，占总人数的 72%，与国发〔2006〕30 号文件要求的 80% 还有较大差距。

（三）全国水产技术推广机构示范指导和渔民培训情况

1. 全国水产技术推广机构示范基地呈增长趋势

全国水产技术推广机构的示范基地 6 284 个，比上年增加 61 个；示范面积 406 733 公顷，比上年增加 172 209 公顷，增长 73%。全国水产技术推广机构指导农户共 2 626 842 户，比上年的 2 743 895 户下降 4%。其中淡水养殖指导面积 2 750 460 公顷，比上年增加 113 836 公顷（增加 4%），指导农户 2 343 334 户，比上年增加 137 684 户（增长 6%）；海水养殖指导面积 620 048 公顷，比上年减少 38 945 公顷（减少 6%），指导农户 283 508 户，比上年减少 254 737 户（减少 47%）。造成海水养殖指导面积和农户下降的主要原因是海水养殖向规模化养殖转变及部分沿海地区对海水养殖进行了调整。

2. 全国水产技术推广机构宣传、培训工作有新进展

全国水产技术推广机构开展渔民培训 32 725 期，比上年增加 3 206 期，培训 2 270 689 人次，比上年增加 66 056 人次；开通的水产技术推广网站 461 个，比上年增加 73 个；手机用户 313 827 户，比上年增加 54 655 户；电话热线 52 587 条，比上年减少 78 877 条；发放技术资料 6 643 477 份，比上年增加 516 769 份。渔民培训、网站个数、手机用户、发放资料方面都有所增加。

针对水产技术推广人员的业务培训 58 603 人次，相比上年 102 697 人次出现巨大降幅，主要是各地统计人员对统计口径理解差异造成；学历教育 7 546 人，比上年增加 1 478 人。

二、2008 年全国水产技术推广体系情况分析

据 36 个省、自治区（西藏除外）、直辖市及计划单列市和新疆生产建设兵团的水产技术推广机构统计，2008 年全国水产技术推广机构数量保持基本稳定，水产技术推广人员数量有所增加。具体情况如下：

（一）全国水产技术推广机构数量

全国水产技术推广机构 13 217 个，比上年增加 54 个，其中水产专业站 4 132 个（占全国机构的 31.26%），比上年增加 207 个；综合站 9 085 个（占全国机构的 68.74%），比上年减少 153 个。地（市）级站 312 个，比上年减少 4 个，其中水产专业站 263 个，比上年减少 7 个；综合站 49 个，比上年增加 3 个。县（市）级站 2 113 个，比上年增加 5 个，其中水产专业站 1 559 个，比上年减少 3 个；综合站 554 个，比上年增加 8 个。区域站 318 个，比上年增加 87 个，其中水产专业站 148 个，比上年增加 39 个；综合站 170 个，比上年增加 48 个。乡镇站 10 438 个，比上年减少 34 个，其中水产专业站 2 125 个，比上年增加 176 个；综合站 8 313 个，比上年减少 210 个。区域站机构数量有所增加。

（二）全国水产技术推广人员数量

全国水产技术推广机构实有人员 36 887 人，比上年增加 866 人。其中，省级站 1 197 人，比上年增加 23 人；地（市）级 3 458 人，比上年减少 40 人；县（市）级 15 046 人，比上年增加 282 人；区域站 1 062 人，比上年增加 553 人；乡镇站 16 124 人，比上年增加 48 人。

（三）全国水产技术推广人员学历和职称

全国水产技术推广机构中技术人员 26 542 人。其中，高级职称 1 976 人，比上年增加 244 人；中级职称 8 576 人，比上年增加 375 人；初级职称 14 879 人，比上年增 113 人。推广人员学历：大学本科以上 5 665 人；大专 12 430 人；中专 10 308 人。大专以上学历人员比上年略有上升。

（四）全国水产技术推广机构单位性质

全国水产技术推广机构单位性质：行政单位 90 个，占总机构数的 0.7%，比上年减少 8 个；全额拨款单位 8 895 个，比上年增加 622 个，占总机构数的 67.3%，比上年的 62.9% 上升超过 4 个百分点；差额拨款单位 2 809 个，比上年增加 31 个，占总机构数比例由 21.1% 上升至 21.3%；自收自支单位 1 423 个，比上年减少 591 个，占总机构数比例由 15.3% 下降到 10.8%。

（五）全国水产技术推广机构经费保障情况

全国水产技术推广机构总经费 95 825.85 万元，比上年增加 14 260.95 万元，增长 17.5%，人均 25 978 元。其中，人员经费 74 676.97 万元，比上年增加 14 565.97 万元，增长 24.2%，人均 20 245 元（省级人均 41 381 元，地市级人均 26 563 元，县级人均 24 263元，区域站人均 23 447 元，乡镇站人均 13 360 元）；业务经费 21 148.88 万元，人均 5 733 元（省级人均 65 419 元，地级人均 9 460 元，县级人均 4 550 元，区域站人均 3 995元，乡镇站人均 1 933 元）。整体来看，总经费增加主要是人员经费增长较多，推广人员的工资和福利性保障支出得到加强，但业务经费稳定。

（六）全国水产技术推广机构培训和宣传

全国水产技术推广机构共举办渔民技术培训 37 670 期，比上年增加 4 945 期，培训 2 733 429人次，比上年增加 462 740 人次；拥有信息网站 676 个，比上年增加 215 个；提供手机信息服务用户 341 783 户，比上年增加 27 956 户；提供技术资料 6 693 727 份，比上年增加 50 250 份。全国水产技术推广机构人员自身再教育和业务培训 57 317 人次，下降 1 286 人次；自身学历教育 7 921 人次，比上年增加 375 人次。

（七）全国水产技术推广机构示范指导和渔民培训情况

全国水产技术推广机构技术指导面积 3 762 650.51 公顷，受益农户 2 544 376 户，其中：淡水技术指导渔民 2 237 670 户，指导面积 3 049 948.31 公顷；海水技术指导渔民 306 706 户，指导面积 712 702.2 公顷。

三、2009 年全国水产技术推广体系情况分析

据 36 个省、自治区（西藏除外）、直辖市、计划单列市及新疆生产兵团的水产技术推广机构统计，2009 年全国水产技术推广机构数量略有下降，全国水产技术推广人员有所增加。具体情况如下：

（一）全国水产技术推广机构数量有所下降

全国水产技术推广机构 12 962 个，比上年减少 255 个，其中水产专业站 3 906 个（占全国机构的 30.13%），比上年减少 226 个；综合站 9 056 个（占全国机构的 69.87%），比上年减少 29 个。地（市）级站 316 个，比上年增加 4 个，其中水产专业站 274 个，比上年增加 11 个；综合站 42 个，比上年减少 7 个。县级站 2 099 个，比上年减少 114 个，其中，水产专业站 1 559 个，与上年持平；综合站 540 个，比上年减少 14 个。区域站 357 个，比上年增加 39 个，其中水产专业站 150 个，比上年增加 2 个；综合站 207 个，比上年增加 37 个。乡镇站 10 154 个，比上年减少 284 个，其中水产专业站 1 887 个，比上年减少 238 个；综合站 8 267 个，比上年减少 46 个。全国水产技术推广机构总体数量下降，省级机构数量不变，地（市）级站机构数量略增，县、乡级机构数量下降，但乡级区域站机构数量略有增加。

（二）全国水产技术推广人员数量稳定

全国水产技术推广机构实有人员 36 947 人，比上年增加 60 人，其中省级站 1 224 人，比上年增加 27 人；地（市）级 3 445 人，比上年减少 13 人；县级 14 915 人，比上年减少 131 人；区域站 1 173 人，比上年增加 111 人；乡镇站 16 190 人，比上年增加 66 人。

（三）全国水产技术推广人员学历和职称水平提高

全国水产技术推广机构中技术人员 26 435 人，占总人数的 71.55%，其中高级职称 2 111 人，比上年增加 135 人，占总人数比例由 5.4% 提高到 5.71%；中级职称 8 757 人，比上年增加 181 人，占总人数比例由 23.2% 上升为 23.70%；初级职称 14 095 人，比上年增加 784 人，占总人数比例由 40.3% 下降为 38.15%。推广人员学历：大学本科以上 6 820 人，占 18.46%，大专 11 690 人，占 31.64%，中专 9 988 人，占 27.03%。大专以上和大专学历人员所占比例比上年有所上升。在技术职称方面，高级职称人员比上年比例有较大提高。

（四）全国水产技术推广机构单位性质

全国水产技术推广机构单位性质：行政单位 96 个，比上年增加 6 个，占总机构数的 0.74%；全额拨款单位 8 826 个，比上年减少 69 个，占总机构数 68.09%，比上年的

67.3％上升近1个百分点；差额拨款单位2 667个，比上年减少142个，占总机构数比例由21.3％下降至20.58％；自收自支单位1 373个，比上年减少50个，占总机构数比例由10.8％下降到10.59％。从机构单位性质来看，行政和全额拨款单位的数量和比例都有所增加，而差额和自收自支单位数量和比例下降，机构保障大大提高。

（五）全国水产技术推广机构经费保障情况

全国水产技术推广机构总经费99 370.69万元，比上年增加3 544.84万元，增长3.70％，人均26 895元。其中人员经费74 206.5万元，比上年减少470.47万元，下降0.63％。人员经费全国人均20 085元，比上年减少160元；省级机构人均48 931元，比上年增加7 550元；地（市）级机构人均32 084元，比上年增加5 521元；县级机构人均21 170元，比上年减少3 093元；区域站人均25 114元，比上年增加1 667元；乡镇站人均14 034元，比上年增加674元。业务经费25 164.19万元。业务经费全国人均6 811元；省级机构人均78 629元，比上年增加13 210元；地（市）级机构人均13 262元，比上年增加3 802元；县级机构人均4 991元增加441元，区域站人均3 748元，比上年减少247元，乡镇站人均1 896元，比上年减少37元。整体来看，经费总量有所增加，主要是业务经费增长较快，工作经费保障力度也有所加强。

（六）全国水产技术推广机构培训和信息服务情况

全国水产技术推广机构共举办渔民技术培训35 978期，比上年减少1 692期，培训2 581 987人次，比上年减少151 442人次；拥有信息网站1 720个，比上年增加1 044个；提供手机信息服务用户428 727户，比上年增加86 944户；提供技术资料8 036 320份，比上年增加1 342 593份。全国水产技术推广机构人员自身再教育和业务培训61 887人次，增加4 570人次，自身学历教育7 225人次，比上年减少696人次。从培训情况看，培训模式正在发生变化，通过现代网络获得技术信息的数量越来越多。

（七）全国水产技术推广机构推广和指导渔民情况

全国水产技术推广机构技术指导面积3 518 670.26公顷，受益农户2 494 069户，其中淡水技术指导渔民2 235 074户，指导面积2 796 615.66公顷；海水技术指导258 995户，指导面积722 054.6公顷。

四、2010年全国水产技术推广体系情况分析

据36个省、自治区（西藏除外）、直辖市、计划单列市及新疆生产建设兵团的水产技术推广机构统计，截至2010年12月31日，全国水产技术推广体系具体情况如下：

（一）机构情况

全国共有各级水产技术推广机构12 794个，其中地（市）级站333个，县级站2 171个，区域站306个，乡镇站9 948个。按机构设置方式分，综合站9 189个，水产专业站3 605个。与2009年相比，全国水产技术推广机构总数减少168个，其中省级站数量保持不变，地（市）级站增加17个，县级站增加72个，区域站减少51个，乡镇站减少206个；从水产专业站情况看，全国水产专业站共减少298个，在机构总数中的比重降至28.18%，其中地（市）级水产专业站增加13个，县级增加22个，区域级减少64个；乡镇级减少269个。总体上看，水产技术推广机构数量基本保持稳定，县级以上机构数量有所增加，而县级以下机构的数量和水产专业站比例明显下降。这些变化主要由以下因素引起：一是各地按照党的十七届三中全会的精神，加强了县级以上水产关键技术示范推广、水生动物疫病防控、水产品质量安全监管、公共信息服务等方面的公益性机构建设，使县级以上水产技术推广机构得到加强；二是县级以下机构因各地乡镇综合改革，大量水产专业站整合进入农业技术综合服务中心，导致乡镇水产专业站的比例明显下降。

（二）人员情况

全国各级水产技术推广机构编制总数38 184人、实有人员36 992人，其中省级编制数1 152人、实有人员1 133人；地（市）级编制数为3 814人，实有人员3 752人；县级编制数15 174人，实有人员15 293人；区域级编制数1 084人，实有人员983人；乡镇级编制数16 960人，实有人员15 831人。与2009年相比，编制总数和实有人员分别增加294人和45人，其中省级编制和实有人员分别减少95人和91人，地（市）级编制和实有人员分别增加292人和307人；县级编制和实有人员分别增加661人和378人；区域级编制和实有人员分别减少164人和190人；乡镇级编制和实有人员分别减少400人和359人。总体上看，县级以上编制数和实有人员有所增加，而乡镇级编制数和实有人员明显减少。地（市）级和县级机构和职能增加，以及"三权归县"模式的推广，使得县级以上机构编制数和实有人员增加；而乡镇综合改革后农技推广机构的合并，使得乡镇推广机构的编制数和实有人员减少。

（三）人员素质

在全国各级水产技术推广机构中共有技术人员26 572人，占实有人员的71.83%。按技术职称分，高级职称2 210人，占实有人员的5.97%；中级职称8 952人，占实有人员

的 24.20%；初级职称 14 015 人，占实有人员的 37.89%。按学历情况分，大学本科以上 7 499 人，占实有人员的 20.27%；大专学历 11 855 人，占实有人员的 32.05%；中专学历 9 812 人，占实有人员的 26.52%。与 2009 年相比，技术人员共增加 137 人，高级职称增加 99 人，中级职称增加 195 人，初级职称减少 80 人；大学本科以上学历增加 679 人，大专学历增加 165 人，中专学历减少 176 人。从总体上看，大专以上学历和中级以上职称人员比例明显上升，队伍整体素质有所提高。这主要得益于各地加强了推广人员的聘用管理，提高了准入门槛，并加大了推广人员培训的力度。据统计，2010 年全国各级水产技术推广机构共组织推广人员自身再教育培训 93 622 人次和学历教育 8 924 人次，分别比 2009 年增加 31 735 人次和 1 699 人次。

（四）机构性质

在全国 12 794 个水产技术推广机构中，行政单位 112 个、占机构总数的 0.87%，全额拨款单位 9 221 个、占机构总数的 72.09%；差额拨款单位 2 296 个、占机构总数的 17.95%，自收自支单位 1 165 个，占机构总数的 9.11%。与 2009 年相比，行政单位增加 16 个，全额拨款单位增加 395 个，差额拨款单位减少 371 个，自收自支单位减少 208 个。从总体上看，行政和全额拨款单位比例明显提高，差额拨款和自收自支单位减少。这主要得益于十七届三中全会提出的"力争三年内在全国普遍健全乡镇或区域性农业技术推广、动植物疫病防控、农产品质量监管等公共服务机构"精神，各地推广机构的职能定位和公益性属性被明确，从而提高了财政保障水平。

（五）经费情况

全国各级水产技术推广机构总经费 108 415.11 万元、人均 29 308 元，其中人员经费 76 832.40 万元、人均 20 770 元；业务经费 31 582.71 万元、人均 8 538 元。与 2009 年相比，总经费增加 9 044.42 万元，增长 9.10%；人员经费增加 2 625.90 万元，增长 3.54%，人均增加 685 元，增长 3.41%；业务经费增加 6 418.52 万元，增长 25.51%，人均增加 1 735 元，增长 25.47%。从不同层级机构的人均经费看，人员经费省级机构人均为 52 531 元，比 2009 年增加 3 600 元；地（市）级人均 39 343 元，比上年增加 7 259 元；县级人均 21 602 元，比上年增加 432 元；区域级人均 14 959 元，减少 10 155 元；乡镇级人均 13 652 元，比上年减少 382 元。业务经费省级机构人均 110 541 元，比 2009 年增加 31 912 元；地（市）级人均 20 973 元，比 2009 年增加 7 711 元；县级人均 5 242 元，比 2009 年增加 251 元；区域级人均 13 99 元，比 2009 年下降 2 349 元；乡镇级人均 1 766 元，比 2009 年下降 130 元。从总体上看，全国各级水产技术推广机构的经费总量均有所增加，县级以上机构人员和业务经费明显增加，但乡镇级机构的人员和业务经费都出现下降，表明基层经费保障水平较低的问题更加突出。

（六）示范基地

全国各级水产技术推广机构共有示范基地 3 338 个，其中省级 46 个，省级站平均拥有 1.28 个；地（市）级 272 个，地（市）级站平均拥有 0.81 个；县级 1 645 个，县级站平均拥有 0.76 个；区域级 27 个，区域站平均拥有 0.09 个；乡镇级 1 348 个，乡镇站平均拥有 0.14 个。从不同层级机构看，县级以上推广机构示范基地配置相对较多，而区域级和乡镇级绝大多数没有配置示范基地，这不利于基层推广工作的开展。

（七）培训和信息服务

全国各级水产技术推广机构共举办渔民技术培训 41 454 期、培训渔民 329.25 万人次，比 2009 年增加 5 476 期、71.05 万人次。这归因于各地都大力加强了渔民培训工作力度。另外，全国各级水产技术推广机构拥有信息网站 693 个，提供手机信息服务用户 61.08 万户，比 2009 年增加 18.21 万户；提供技术资料 854.53 万份，比 2009 年增加 50.90 万份。目前，现代信息技术已贯穿推广工作各个环节，对推广方式和方法产生了重大的影响。

（八）技术推广情况

全国水产技术推广机构技术指导面积 386.38 万公顷，受益农户 256.46 万，其中淡水技术指导渔民 226.20 万户，指导面积 296.57 万公顷；海水技术指导渔民 30.26 万户，指导面积 89.81 万公顷，在促进渔民增收方面发挥了重要作用。

五、2011 年全国水产技术推广体系情况分析

据 36 个省、自治区（西藏除外）、直辖市、计划单列市及新疆生产建设兵团的水产技术推广机构统计，截至 2011 年 12 月 31 日，全国水产技术推广体系具体情况如下：

（一）机构情况

全国共有各级水产技术推广机构 13 014 个，其中地（市）级站 335 个，县级站 2 147 个，区域站 335 个，乡镇站 10 161 个。按机构设置方式分，其中综合站 9 679 个，水产专业站 3 335 个。与 2010 年相比，全国机构总数增加 220 个，其中省级站数量保持不变，地（市）级站增加 2 个，县级站减少 24 个，区域站增加 29 个，乡镇站增加 213 个。从水产专业站情况看，全国水产专业站共减少 270 个，在机构总数中的比重降至 25.63%；其中县级水产专业站增加 16 个，区域级增加 10 个，乡镇级减少 296 个。总体上看，水产技术推广机构数量基本保持了稳定，县级以上机构数量有所增加，而县级以下机构的数量和水产专业站比例明显下降。这些变化主要由以下因素引起：一是各地按照党的十七届三中全会的精神，加强了县级以上水产关键技术示范推广、水生动物疫病防控、水产品质量安全监管、公共信息服务等方面的公益性机构建设，使县级以上水产技术推广机构得到加强；二是县级以下机构因各地乡镇综合改革，大量水产专业站整合进入农业技术综合服务中心，导致乡镇水产专业站的比例明显下降。

（二）人员情况

全国各级水产技术推广机构编制总数 38 467 人、实有人员 37 602 人，其中省级编制数 1 440 人、实有人员 1 260 人；地（市）级编制数 3 778 人，实有人员 3 735 人；县级编制数 14 952 人，实有人员 15 104 人；区域级编制数 990 人，实有人员 866 人；乡镇级编制数 17 307 人，实有人员 16 637 人。与 2010 年相比，编制总数和实有人员分别增加 283 人和 610 人，其中省级编制和实有人数分别增加 288 人和 127 人，地（市）级编制和实有人数分别减少 36 人和 17 人；县级站编制和实有人员分别减少 222 人和 189 人；区域级编制和实有人员分别减少 94 人和 117 人；乡镇级编制和实有人员分别增加 347 人和 806 人。总体上看，地（市）级、县级和区域级编制数和实有人员有所减少，省级和乡镇级编制数和实有人员增加。这是由省级推广机构职能有所拓展，乡镇水产业快速发展所致。

（三）人员素质

在全国各级水产技术推广机构中，共有技术人员 26 751 人，占实有人员的 71.14%。按技术职称分，高级职称 2 251 人，占实有人员的 5.86%；中级职称 9 203 人，占实有人员的 24.47%；初级职称 13 903 人，占实有人员的 36.97%。按学历情况分，大学本科以上 8 056 人，占实有人员的 21.42%；大专学历 11 549 人，占实有人员的 30.71%；中专

学历 9 078 人，占实有人员的 24.14％。与 2010 年相比，技术人员共增加 179 人，而高级职称增加 41 人，中级职称增加 251 人，初级职称减少 112 人；大学本科以上增加 557 人，大专学历减少 306 人，中专学历减少 734 人。从总体上看，大专以上学历和中级以上职称人员比例明显上升，队伍整体素质有所提高。这主要得益于各地加强了推广人员的聘用管理，提高了准入门槛，并加大了推广人员培训的力度。据统计，2011 年全国各级水产技术推广机构共组织推广人员自身再教育培训 94 783 人次，比 2010 年增加 1 161 人次；学历教育 7 928 人次。

（四）机构性质

在全国 13 014 个水产技术推广机构中，行政单位 138 个，占机构总数的 1.06％；全额拨款单位 9 413 个，占机构总数的 72.21％；差额拨款单位 2 343 个，占机构总数的 17.90％；自收自支单位 1 120 个，占机构总数的 8.61％。与 2010 年相比，行政单位增加 26 个，全额拨款单位增加 192 个，差额拨款单位增加 47 个，自收自支单位减少 45 个。从总体上看，行政、全额拨款和差额拨款单位比例明显提高，自收自支单位减少。这主要得益于十七届三中全会关于"力争三年内在全国普遍健全乡镇或区域性农业技术推广、动植物疫病防控、农产品质量监管等公共服务机构"的精神，各地推广机构的职能定位和公益性属性得到明确，强化了财政保障水平。

（五）经费情况

全国各级水产技术推广机构总经费 129 772.98 万元，人均 34 512 元。其中人员经费 93 919.10 万元，人均 24 977 元；业务经费 35 853.88 万元，人均 9 535 元。与 2010 年相比，总经费增加 21 357.87 万元，增长 19.7％；人员经费增加 17 086.70 万元，增长 2.22％；人均增加 4 207 元，增长 20.26％；业务经费增加 4 271.17 万元，增长 13.52％；人均增加 997 元，增长 11.67％。从不同层级机构的人均经费看，人员经费省级人均为 78 648 元，比上年增加 26 117 元；地（市）级人：42 738 元，比上年增加 3 395 元；县级人均 25 643 元，比上年增加 4 042 元；区域站人均 15 570 元，比上年增加 611 元；乡镇站人均 16 810 元，比上年增加 3 158 元。业务经费省级人均 122 082 元，比上年增加 11 541 元；地（市）级人均 19 319 元，比上年减少 1 654 元；县级人均 5 967 元，比上年增加 725 元；区域级人均 1 516 元，比上年增加 117 元；乡镇级人均 2 512 元，比上年增加 746 元。从总体上看，全国各级水产技术推广机构的经费总量大幅增加，基层经费保障水平有所改善。

（六）示范基地

全国各级水产技术推广机构共有示范基地 3 386 个，其中省级 50 个，省级站平均拥有 1.39 个；地（市）级 272 个，地（市）级站平均拥有 0.81 个；县级 1 369 个，县级站平均拥有 0.64 个；区域级 23 个，区域站平均拥有 0.07 个；乡镇级 1 672 个，乡镇站平均拥有 0.16 个。从不同层级机构看，县级以上推广机构示范基地配置相对较多，而区域站和乡镇站绝大多数没有配置示范基地，这不利于基层推广工作的开展。

（七）培训和信息服务

全国各级水产技术推广机构共举办渔民技术培训 40 827 期，培训渔民 309.21 万人次，与 2010 年持平。另外，全国各级水产技术推广机构拥有信息网站 835 个，提供手机信息服务用户 82.98 万户，比 2010 年增加 21.9 万户；提供技术资料 897.0 万份，比 2010 年增加 42.47 万份。随着现代信息技术、物联网技术等先进技术的迅速普及，将对推广方式和方法产生重大的影响。

（八）技术推广情况

全国水产技术推广机构技术指导面积 348.31 万公顷，受益农户 251.17 万户，其中淡水技术指导渔民 223.03 万户，指导面积 292.90 万公顷；海水技术指导渔民 28.14 万户，指导面积 55.41 万公顷，在促进渔民增收方面发挥了重要作用。

六、2012 年全国水产技术推广体系情况分析

根据全国 36 个省、自治区（西藏除外）、直辖市、计划单列市及新疆生产建设兵团水产技术推广机构的统计，2012 年全国水产技术推广体系有关情况如下：

（一）机构情况

1. 机构数量

全国各级水产技术推广机构共 14 711 个，其中省级站 36 个，地（市）级站 336 个、县级站 2 166 个、区域站 525 个、乡镇站 11 648 个。较 2011 年，全国机构总数增加 1 697 个，其中地（市）级站增加 1 个，县级站增加 19 个，区域站增加 190 个，乡镇站增加 1 487 个。乡镇级站增加主要原因为：吉林省 2012 年在乡镇水利所加挂了水产推广站的牌子，增加了乡镇站 414 个；四川省充实了乡镇渔业专职岗位，使乡镇有渔业专职岗位的综合站增加了 934 个。从专业站情况看，全国共有水产专业站 3 541 个，占机构总数的 24.07%，较 2011 年增加 206 个，其中县级增加 22 个，区域级增加 15 个，乡镇级增加 169 个。

2. 机构性质

在全国 14 711 个水产技术推广机构中，行政单位有 186 个、全额拨款单位 10 877 个、差额拨款单位 2 522 个、自收自支单位 1 126 个。其中行政和财政全额拨款单位占机构总数的 75.20%。

（二）队伍情况

1. 人员情况

全国各级水产技术推广机构编制总数 43 817 人、实有人员为 42 598 人，其中省级编制数 1 426 人、实有人员 1 291 人；地（市）级编制数为 3 924 人、实有人员 3 764 人；县级编制数 15 304 人、实有人员 15 261 人；区域级编制数 1 668 人、实有人员 1 499 人；乡镇级编制数 21 495 人、实有人员 20 783 人。与 2011 年相比，编制总数和实有人员分别增加 5 350 人、4 996 人，分别增长 13.9%、13.3%，其中省级编制减少 14，实有人员增加 31 人；地（市）级编制和实有人员分别增加 146 人和 29 人；县级编制和实有人员分别增加 352 人和 157 人；区域级编制和实有人员分别增加 678 人和 633 人；乡镇级编制和实有人员分别增加 4 188 人和 4 146 人。2012 年编制数和实有人员增加主要是因为吉林、四川、山东等省机构数增加。

2. 队伍素质

全国各级水产技术推广机构共有技术人员 30 851 人，占实有人员的 72.42%，较 2011 年增加 4 100 人，占实有人员的比例增加 1.28%。按技术职称分，高级职称 2 465 人，占实有人员的 5.79%；中级职称 10 552 人，占 24.77%；初级职称 15 517 人，占 36.43%。较 2011 年，高级职称增加 214 人，中级职称增加 1 349 人，初级职称增加 1 614

人。按学历情况分，大学本科以上 9 145 人，占实有人员的 21.47%；大专学历 14 193
人，占 33.32%；中专学历 10 452 人，占 24.54%。较 2011 年，大学本科以上增加 1 089
人，大专学历增加 2 644 人，中专学历增加 1 374 人。2012 年全国水产技术推广人员自身
业务培训 77 522 人次、学历教育 6 018 人次。

（三）经费保障

全国各级水产技术推广机构总经费 183 035.76 万元，人均 42 967 元。其中人员经费
133 781.07 万元，人均 31 405 元；业务经费 49 254.69 万元，人均 11 563 元。较 2011
年，总经费增加 53 262.78 万元，增长 41.04%；人员经费增加 39 861.97 万元，增长
42.44%；业务经费增加 13 401 万元，增长 37.38%。从不同层级机构看，人员经费省级
人均 81 864 元，较 2011 年增加 3 216 元；地（市）级人均 53 254 元，较 2011 年增加
10 516 元；县级人均 35 388 元，较 2011 年增加 9 744 元；区域级人均 20 509 元，较 2011
年增加 4 939 元；乡镇级人均 22 176 元，较 2011 年增加 5 366 元。业务经费省级人均
157 947 元，较 2011 年增加 35 865 元；地（市）级人均 22 364 元，较 2011 年增加 3 286
元；县级人均 7 437 元，较 2011 年增加 1 470 元；区域级人均 2 330 元，较 2011 年增加
814 元；乡镇级人均 4 238 元，较 2011 年增加 1 726 元。

（四）示范基地

全国各级水产技术推广机构共有示范基地 3 551 个，其中省级 48 个、地（市）级 248
个、县级 1 437 个、区域级 127 个、乡镇级 1 691 个。

从总体上，2012 年中央 1 号文件出台后，各地高度重视水产技术推广体系改革与建
设工作。特别是在"一个衔接、两个覆盖"政策推动下，各级水产技术推广机构数量均得
到明显增加。省、地（市）、县级机构数量稳中有升，乡镇级机构增加；机构编制数和实
有人数增加，推广机构的公益性职能增加。推广队伍学历和职称水平有明显上升，队伍整
体素质不断提高。全国各级水产技术推广机构经费增加，经费保障水平有了较大的提高。

七、2013 年全国水产技术推广体系情况分析

根据 36 个省、自治区（西藏除外）、直辖市、计划单列市及新疆生产建设兵团水产技术推广机构的统计，2013 年全国水产技术推广体系情况分析如下：

（一）机构情况

1. 机构情况

截至 2013 年 12 月 31 日，全国省、地（市）、县、乡（区域）水产技术推广机构共 14 728 个，其中省级（含计划单列市）36 个、地（市）级 337 个、县级 2 160 个、区域级 604 个、乡镇级 11 591 个。较 2012 年，机构总数增加 17 个，其中省级站不变，地（市）级站增加 1 个，县级站减少 6 个，区域站增加 79 个，乡镇站减少 57 个。全国省、地（市）、县、乡（区域）水产技术推广机构中共有水产专业站 3 565 个，其中省级（含计划单列市）34 个、地（市）级 292 个、县级 1 640 个、区域级 140 个、乡镇级 1 459 个。较 2012 年，水产专业站总数增加 24 个，其中省级不变，地（市）级增加 4 个，县级增加 22 个，区域级增加 29 个，乡镇级减少 31 个。

2. 机构性质

在全国 14 728 个水产技术推广机构中，行政单位 172 个、全额拨款单位 11 845 个、差额拨款单位 1 813 个、自收自支单位 898 个。行政和全额拨款单位占机构总数的 81.59%，较 2012 年上升 6.39%。

（二）队伍情况

1. 人员情况

截至 2013 年 12 月 31 日，全国省、地（市）、县、乡（区域）水产技术推广机构编制总数 43 399 人、实有人员 42 025 人，其中省级编制数 1 437 人、实有人员 1 296 人；地（市）级编制数为 4 072 人，实有人员 3 865 人；县级编制数 15 220 人，实有人员 15 064 人；区域级编制数 1 661 人，实有人员 1 458 人；乡镇级编制数 21 009 人，实有人员 20 342 人。较 2012 年，编制总数和实有人员分别减少 418 人、573 人，其中省级编制数和实有人员分别增加 11 人和 5 人；地（市）级编制数和实有人员分别增加 148 人和 101 人；县级站编制数和实有人员分别减少 84 人和 197 人；区域级编制数和实有人员分别减少 7 人和 41 人；乡镇级编制数和实有人员分别减少 486 人和 441 人。

2. 队伍素质

全国省、地（市）、县、乡（区域）水产技术推广机构实有 42 025 人中，共有技术人员 30 818 人，占 73.33%，较 2012 年上升 0.91%。从技术职称情况看，高级职称 2 778 人，占实有人员的 6.61%；中级职称 10 722 人，占实有人员的 25.51%；初级职称 15 364 人，占实有人员的 36.56%。较 2012 年，中级以上职称人数占比增加 1.56%。从学历情

况看，大学本科以上 8 899 人，占实有人员的 21.18%；大专学历 14 520 人，占实有人员的 34.55%；中专学历 10 434 人，占实有人员的 24.83%。较 2012 年，大专以上学历人员占比增加 0.94%。另外，2013 年全国水产技术推广人员自身业务培训 89 228 人次，较 2012 年增加 15.10%；学历教育 5 866 人次，较 2012 年减少 2.58%。

（三）经费情况

2013 年，全国省、地（市）、县、乡（区域）级水产技术推广机构总经费 180 067 万元，人均 42 876 元。其中人员经费 136 593 万元，人均 32 503 元；业务经费 43 474 万元，人均 10 345 元。较 2012 年，总经费减少 3 030 万元，减少 1.17%；人员经费人均增加 1 098 元，增加 3.50%；业务经费人均减少 1 218 元，减少 10.53%。从不同层级机构看，人员经费省级人均 73 203 元，地（市）级人均 55 565 元，县级人均 33 003 元，区域级人均 34 427 元，乡镇级人均 25 020 元；业务经费省级人均 108 034 元，地（市）级人均 25 803元，县级人均 8 389 元，区域级人均 2 605 元，乡镇级人均 3 187 元。总体上看，各地人员经费稳步增加，特别是乡镇级和区域级人员经费显著提高，但业务经费减少，主要原因是根据《中华人民共和国农业技术推广法》规定的公益性职责要求，2013 年对统计口径进行了规范。2013 年统计中，不再将综合站承担的非水产技术推广职能的经费纳入统计范围，如广东、江苏、陕西、新疆、上海、天津、宁波等省（自治区、直辖市），统计的业务经费减少 20% 以上。

（四）示范基地

截至 2013 年 12 月 31 日，全国省、地（市）、县、乡（区域）级水产技术推广机构共有示范基地 3 843 个，较 2012 年增加 292 个。其中省级 50 个，增加 2 个；地（市）级 232 个，减少 16 个；县级 1 656 个，增加 219 个；区域级 135 个，增 8 个；乡镇级 1 770 个，增加 79 个。

从总体情况来看，2013 年是新修订《中华人民共和国农业技术推广法》颁布实施的第一年，各地高度重视法律宣贯，进一步加大"一个衔接、两个覆盖"政策的落实力度，有力促进了各地基层水产技术推广体系建设。全国水产技术推广机构和队伍保持稳定，全额拨款单位比重提高，推广队伍学历和职称水平上升，人员素质稳步提高，推广人员经费继续提高，示范基地建设得到强化，公共服务能力显著提升。

八、2014 年全国水产技术推广体系情况分析

根据 36 个省、自治区（不含西藏）、直辖市、计划单列市及新疆生产建设兵团水产技术推广机构的统计，2014 年全国水产技术推广体系情况分析如下：

（一）机构情况

1. 机构数量

截至 2014 年 12 月 31 日，全国省、地（市）、县、乡（区域）水产技术推广机构共 14 755 个，其中省级（含计划单列市）36 个、地（市）级 333 个、县级 2 129 个、区域级 616 个、乡镇级 11 641 个。较 2013 年，机构总数增加 27 个，其中省级站不变，地（市）级站减少 4 个，县级站减少 31 个，区域站增加 12 个，乡镇站增加 50 个。全国省、地（市）、县、乡（区域）水产技术推广机构中共有水产专业站 3 461 个，其中省级（含计划单列市）35 个、地（市）级 286 个、县级 1 606 个、区域级 117 个、乡镇级 1 417 个。较 2013 年，水产专业站总数减少 103 个，其中省级不变，地（市）级减少 4 个，县级减少 34 个，区域级减少 23 个，乡镇级减少 42 个。

2. 机构性质

在全国 14 755 个水产技术推广机构中，行政单位 154 个、全额拨款单位 11 890 个、差额拨款单位 1 906 个、自收自支单位 805 个。较 2013 年，行政单位和全额拨款单位分别增加 32 个和 45 个，差额拨款单位和自收自支单位分别减少了 441 个和 352 个。

（二）队伍情况

1. 人员情况

截至 2014 年 12 月 31 日，全国省、地（市）、县、乡（区域）水产技术推广机构编制总数 43 751 人，实有人员 42 006 人。其中省级编制数 1 421 人，实有人员 1 251 人；地（市）级编制数 4 028 人，实有人员 3 812 人；县级编制数 15 206 人，实有人员 14 858 人；区域级编制数 1 730 人，实有人员 1 417 人；乡镇级编制数 21 366 人，实有人员 20 568 人。较 2013 年，编制总数增加 352 人，实有人员减少 19 人；其中省级编制数和实有人员分别减少 15 人和 45 人，地（市）级编制数和实有人员分别增加 44 人和 45 人，县级编制数和实有人员分别减少 14 人和 206 人，区域级编制数和实有人员分别增加 69 人和 59 人，乡镇级编制数和实有人员分别增加 357 人和 226 人。

2. 队伍素质

全国省、地（市）、县、乡（区域）水产技术推广机构实有 42 006 人中，共有技术人员 30 748 人，占 73.20%，较 2013 年下降 0.13%。从技术职称情况看，高级职称 2 852 人，占实有人员的 6.78%；中级职称 10 904 人，占实有人员的 25.96%；初级职称 15 144 人，占实有人员的 36.05%。较 2013 年，中级以上职称人数占比提高 0.51%。从学历情

况看，大学本科以上 9 279 人，占实有人员的 22.09%；大专学历 14 479 人，占实有人员的 34.47%；中专学历 10 179 人，占实有人员的 24.23%。较 2013 年，大专以上学历人员占比增加 0.83%。

（三）经费保障

2014 年，全国省、地（市）、县、乡（区域）级水产技术推广机构总经费 201 803 万元，人均 48 041 元。其中人员经费 154 048 万元，人均 36 673 元；业务经费 47 754 万元，人均 11 368 元。较 2013 年，总经费增加 21 736 万元，增加 12.07%；人员经费人均增加 4 170 元，增加 12.83%；业务经费人均增加 1 023 元，增加 9.89%。从不同层级机构看，人员经费省级人均 94 829 元，较上年增加 21 626 元；地（市）级人均 60 788 元，较上年增加 5 223 元；县级机构人均 36 289 元，较上年增加 3 286 元；区域级人均 43 808 元，较上年增加 9 381 元；乡镇级人均 28 417 元，较上年增加 3 397 元；业务经费省级人均 105 986 元，较上年减少 742 元；地（市）级人均 29 474 元，较上年增加 1 263 元；县级人均 10 276 元，较上年增加 2 631 元；区域级人均 4 264 元，较上年增加 267 元；乡镇级人均 3 571 元，较上年增加 861 元。

（四）示范基地

截至 2014 年 12 月 31 日，全国省、地（市）、县、乡（区域）级水产技术推广机构共有示范基地 3 673 个，较 2013 年减少 170 个。其中省级 43 个，减少 7 个；地（市）级 207 个，减少 25 个；县级 1 806 个，增加 150 个；区域级 112 个，减少 23 个；乡镇级 1 505 个，减少 265 个。

九、2015 年及"十二五"全国水产技术推广体系情况分析

(一) 2015 年全国水产技术推广体系情况分析

根据 36 个省、自治区（不含西藏）、直辖市、计划单列市及新疆生产建设兵团水产技术推广机构的统计，2015 年全国水产技术推广体系情况分析如下：

1. 机构情况

(1) 机构数量

截至 2015 年 12 月 31 日，全国省、地（市）、县、乡（区域）水产技术推广机构共 14 398 个，其中省级（含计划单列市）36 个、地（市）级 330 个、县级 2 103 个、区域级 345 个、乡镇级 11 584 个。较 2014 年，机构总数减少 357 个，其中省级站不变，地（市）级站减少 2 个，县级站减少 26 个，区域站减少 271 个，乡镇站减少 57 个。全国省、地（市）、县、乡（区域）水产技术推广机构中共有水产专业站 3 324 个，其中省级（含计划单列市）35 个，地（市）级 279 个，县级 1 601 个，区域级 112 个，乡镇级 1 297 个。较 2014 年，水产专业站总数减少 137 个，其中省级不变，地（市）级减少 7 个，县级减少 5 个，区域级减少 5 个，乡镇级减少 120 个。2015 年全国水产技术推广机构数下降较多，主要原因是四川省推广机构改革减少 258 个。

(2) 机构性质

在全国 14 398 个水产技术推广机构中，行政单位 171 个、全额拨款单位 11 652 个、差额拨款单位 1 827 个、自收自支单位 748 个。较 2014 年，行政单位增加 17 个，全额拨款单位、差额拨款单位和自收自支单位分别减少了 238 个、79 个和 57 个。行政和全额拨款单位占总机构数比例达 82.1%，比上年的 81.6% 提高 0.5%。

2. 队伍情况

(1) 人员情况

截至 2015 年 12 月 31 日，全国省、地（市）、县、乡（区域）水产技术推广机构编制总数 42 074 人，实有人员 41 095 人。其中省级编制数 1 424 人，实有人员 1 247 人；地（市）级编制数 4 070 人，实有人员 3 823 人；县级编制数 14 703 人，实有人员 14 865 人；区域级编制数 1 383 人，实有人员 1 163 人；乡镇级编制数 20 494 人，实有人员 19 997 人。较 2014 年，编制总数减少 1 677 人，实有人员减少 911 人；其中省级编制数增加 3 人、实有人员减少 4 人，地（市）级编制数和实有人员分别增加 42 人和 11 人，县级编制数减少 503 人和实有人员增加 7 人，区域级编制数和实有人员分别减少 347 人和 354 人，乡镇级编制数和实有人数分别减少 872 人和 571 人。

2015 年因四川省推广机构改革实有人员减少 796 人，造成整体实有人员较大幅度

下降。

（2）队伍素质

全国省、地（市）、县、乡（区域）水产技术推广机构实有 41 095 人中，共有技术人员 29 589 人，占 72%，较 2014 年下降 1.2%。从技术职称情况看，高级职称 3 045 人，占实有人员的 7.41%；中级职称 10 710 人，占实有人员的 26.06%；初级职称 14 228 人，占实有人员的 34.62%。较 2014 年，中级以上职称人数占比提高 0.73%。从学历情况看，大学本科以上 9 811 人，占实有人员的 23.87%；大专学历 13 814 人，占实有人员的 33.61%；中专学历 9 639 人，占实有人员的 23.46%；较 2014 年，大专以上学历人员占比增加 0.92%。

3. 经费保障

2015 年，全国省、地（市）、县、乡（区域）级水产技术推广机构总经费 232 936 万元，人均 56 682 元。其中人员经费 180 861 万元，人均 44 010 元；业务经费 52 075 万元，人均 12 672 元。较 2014 年，总经费增加 31 132 万元，增加 15.43%；人均增加 8 641 元，增加 18%；人员经费增加 26 814 万元，人均增加 6 525 元，增加 56.47%；业务经费人均增加 1 304 元，增加 11.47%。从不同层级机构看，人员经费省级人均 120 559 元，较上年增加 25 730 元；地（市）级人均 70 656 元，较上年增加 9 868 元；县级人均 40 335 元，较上年增加 4 046 元；区域级人均 29 534 元，较上年减少 14 274 元；乡镇级人均 37 717 元，较上年增加 9 300 元。业务经费省级人均 145 472 元，较上年增加 39 486 元；地（市）级人均 28 069 元，较上年减少 1 405 元；县级人均 10 263 元，较上年减少 13 元；区域级人均 3 665 元，较上年减少 599 元；乡镇级人均 3 863 元，较上年增加 292 元。

2015 年全国推广机构总经费增幅较大，增加 9.48%，主要是省级经费增幅达 36.82%所致，其次是乡镇级增加 5.19%。而地（市）级经费减少 4.49%，县级减少 0.08%，呈现"两头增，中间降"的格局。

截至 2015 年 12 月 31 日，全国省、地（市）、县、乡（区域）级水产技术推广机构共有示范基地 4 139 个，较 2014 年增加 466 个，增长 12.69%。其中省级 60 个，增加 17 个；地（市）级 241 个，增加 34 个；县级 2 253 个，增加 447 个；区域级 80 个，减少 32 个；乡镇级 1 505 个，保持不变。全国水产技术推广机构示范基地在省、地（市）、县三级的数量都普遍增加，分别增加了 39.54%、16.43%、24.75%，仅乡镇级持平。各地示范基地数量增加幅度较大，表明技术示范推广工作得到加强。

2015 年，各级水产技术推广机构指导水产养殖面积 311 多万公顷，受益渔民 194 多万户。

4. 技术培训

截至 2015 年 12 月 31 日，全国省、地（市）、县、乡（区域）级水产技术推广机构共组织渔民培训 32 153 期，培训 2 086 460 人次，推广人员自身培训 82 756 人次及学历教育 6 437 人次。

2015 年全国水产技术推广体系总体稳定，机构有保障，人员队伍素质逐步提高，示范作用得到加强。

（二）"十二五"全国水产技术推广体系变化趋势分析

1. 机构变化趋势

（1）机构总数稳步增长

2015年全国省、地（市）、县、乡（区域）级水产推广机构14 398个，较2010年增加1 604个，增幅12.54%，主要是许多乡镇机构改革后在农业推广机构中设置了水产岗位所致。2010—2015年全国水产推广机构数量变化见图4-1。

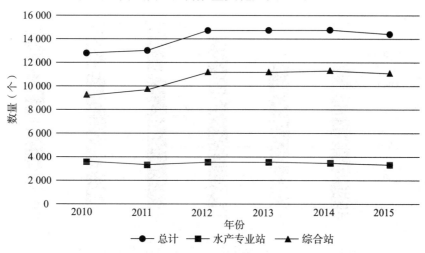

图4-1　2010—2015年水产技术推广机构数量变化趋势

（2）水产专业站总体呈下降趋势

2015年全国水产专业站为3 324个，总体数量呈下降趋势，省级、县级数量总体保持稳定，乡镇级数量下降较多（图4-2），这与乡镇农业技术推广机构的综合设置趋势相一致。

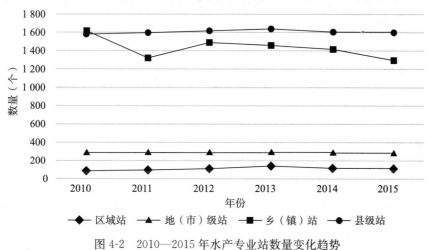

图4-2　2010—2015年水产专业站数量变化趋势

（3）行政和全额拨款单位总数比例逐年提高

2015年行政和全额拨款单位占总机构数的82.1%，比2010年的73.0%提高9.1%；

差额和自收自支单位数量减少 881 个，占比从 2010 年的 27.0％下降到 2015 年的 17.9％。自《国务院关于深化改革加强基层农业技术推广体系建设的意见》（国发〔2006〕30 号）发布后，各地加大农业技术推广机构改革及乡镇改革工作成果和《中华人民共和国农业技术推广法》修改效果在"十二五"期间逐渐显露。各地确认了公益性农业技术推广机构的性质，加快了农业技术推广机构公益性机构的设置工作，使全国水产技术推广机构中行政和全额拨款单位的比例逐步提高（图 4-3）。

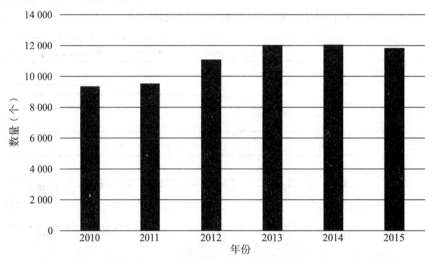

图 4-3 2010—2015 年行政和全额拨款单位数量变化趋势

2. 人员变化趋势

2015 年全国水产技术推广机构编制数和实有人员比 2010 年分别增加 3 890 人和 4 103 人，分别增长 10.19％和 11.09％。其中，乡镇级实有人员增幅较大，增加 4 166 人，增幅达 26.32％（图 4-4）。主要是乡镇农业技术推广机构中增设了水产岗位，使得编制和实有人员的数量增加。

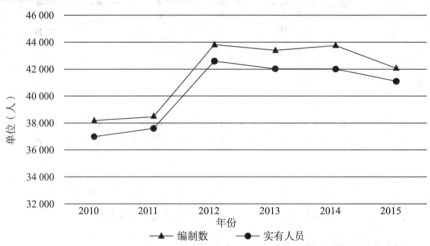

图 4-4 2010—2015 年编制数和实有人员变化趋势

2010—2015 年各级推广机构人员分布及变化趋势见图 4-5 和图 4-6。

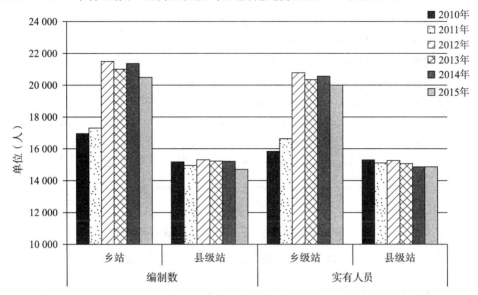

图 4-5　2010—2015 年乡级站及县级站人员分布及变化趋势

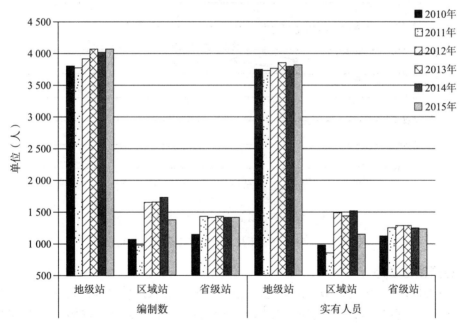

4-6　2010—2015 年地（市）级站、区域站及省级站编制数和实有人员分布及变化趋势

　　机构人员专业素质提升。相较 2010 年，2015 年高级职称人数增加 835 人，增幅达 37.78％；中级职称人数增加 1 758 人，增幅 19.64％（图 4-7）；本科学历以上人数增加 2 312人、大专学历人数增加 1 959 人，分别增加 30.83％和 16.52％；中专人数减少 173 人（图 4-8）。近年来大量大专以上毕业生充实到基层一线，使整体推广人员的技术和文化水平得到大幅提高。

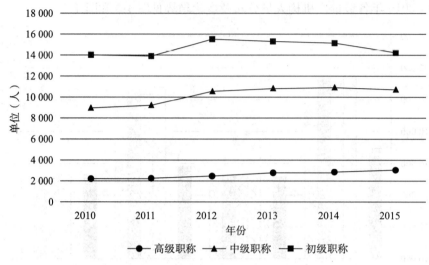

图 4-7　2010—2015 年不同职称技术人员数量变化趋势

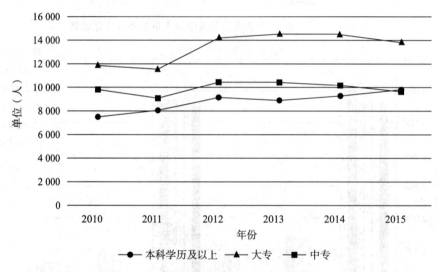

图 4-8　2010—2015 年技术人员文化程度变化趋势

3. 经费变化趋势

2010—2015 年全国省、地（市）、县、乡（区域）级水产技术推广机构总经费大幅增加，2015 年总经费达 232 936 万元，较 2010 年增加 124 520 万元，增幅为 114.86%。人员经费和业务经费总体均呈增长趋势（图 4-9）。

人员经费方面，从不同层级机构看，2015 年省级、地（市）级、县级、区域级及乡级机构较 2010 年分别增长 152.59%、82.1%、81.50%、133.58%、248.97%（图4-10）。

业务经费方面，从不同层级机构看，省级、地（市）级、县级、区域级及乡级机构较 2010 年分别增长了 44.84%、36.36%、90.29%、210.01%、176.29%。

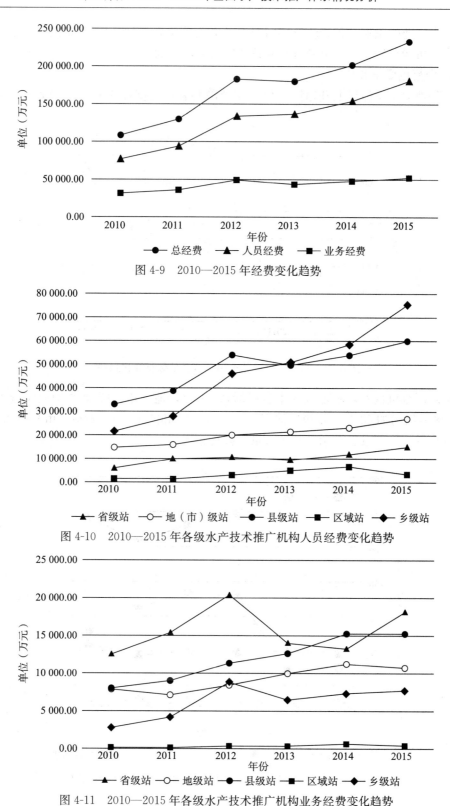

图 4-9　2010—2015 年经费变化趋势

图 4-10　2010—2015 年各级水产技术推广机构人员经费变化趋势

图 4-11　2010—2015 年各级水产技术推广机构业务经费变化趋势

由于水产业的发展，各级政府部门加大了事业单位人员社会保障和推广项目的投入，推动了推广机构总经费、人员经费和业务经费的大幅增加。

4. 示范基地变化趋势

示范基地数量总体呈上升趋势，2015 年全国共有示范基地 4 139 个，较 2010 年增加 801 个。

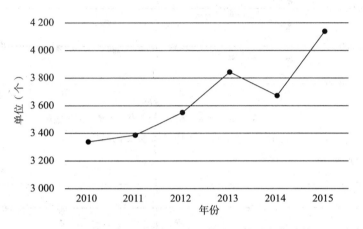

图 4-12　2010—2015 年全国示范基地数量变化趋势

从不同层级机构看，示范基地中省级增加 14 个，地（市）级减少 31 个，县级增加 608 个，区域级增加 53 个，乡级增加 157 个（图 4-13 和图 4-14）。除地（市）级示范站因城市化减少外，省、县、乡示范基地数量增幅均较大。

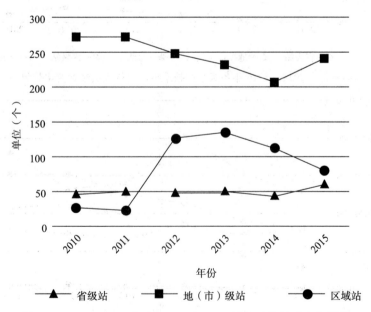

图 4-13　2010—2015 年省、地（市）、区域级示范基地变化趋势

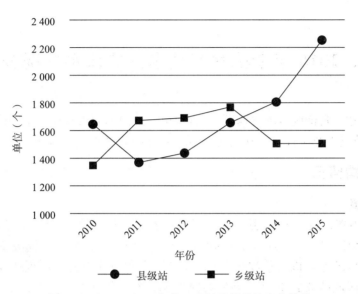

图 4-14 2010—2015 年县、乡级示范基地变化趋势

从总体情况来看,"十二五"期间各级政府加大了对水产技术推广机构设施建设、工作运行和人员社会保障的力度,主要表现在基础设施得到改善,推广经费保持较快增长,推广机构的示范基地增加。这促进了各地基层水产技术推广体系的建设,保证了全国水产技术推广机构和队伍稳定发展。全额拨款单位占比提高,推广队伍学历和职称水平不断提升,人员素质稳步提高,机构公益性职能不断拓展,公共服务综合能力得到提升。

十、2016年全国水产技术推广体系情况分析

根据36个省、自治区（不含西藏）、直辖市、计划单列市及新疆生产建设兵团水产技术推广机构的数据汇总统计，2016年全国水产技术推广体系情况如下：

（一）机构情况

1. 机构数量

2016年全国省、地（市）、县、乡（区域）水产技术推广机构共13 463个，其中：省级（含计划单列市）36个，地（市）级322个，县级2 052个，区域级279个，乡镇级10 774个。较2015年，机构总数减少935个，其中省级站不变，市级站减少8个，县级站减少51个，区域站减少66个，乡镇站减少810个。全国省、地（市）、县、乡（区域）水产技术推广机构中共有水产专业站2 927个，其中省级（含计划单列市）35个，地（市）级265个，县级1 516个，区域级81个，乡镇级1 030个。较2015年，水产专业站总数减少397个，其中省级不变，地（市）级减少14个，县级减少85个，区域级减少31个，乡镇级减少267个。

2016年全国水产技术推广机构数下降较多的主要原因：一是湖南省自2015年年底开展乡镇区划调整改革，全省共撤并乡镇524个，造成水产技术推广机构下降达28%（2016年比2015年减少406个，其中市级减少4个，县级减少37个，区域站增加6个，乡镇减少371个）；二是服务主体发生变化，湖北省在乡（镇）站实行"以钱养事"机制，即由政府购买渔业服务，随着原有技术人员退休和聘用人员到期后不断离开，渔业服务工作从乡镇挂牌、乡镇机构逐步被一些渔业合作组织或渔业个体企业等机构购买，造成2016年湖北全省水产技术推广机构相较2015年下降31%，其中主要是乡（镇）级（含区域站）机构下降达32%（2016年比2015年总机构数减少264个，其中市级减少3个，县级减少15个，区域站减少9个，乡镇减少237个）。

2. 机构性质

全国13 463个水产技术推广机构中，行政单位169个，全额拨款单位11 591个，差额拨款单位1 430个，自收自支单位273个。行政和全额拨款单位占总机构数比例达82.1%，比上年提高0.5%。

（二）队伍情况

1. 人员情况

全国省、地（市）、县、乡（区域）水产技术推广机构总编制数39 779人，实有人员37 615人。其中省级编制数1 509人，实有人员1 316人；地（市）级编制数3 948人，实有人员3 646人；县级编制数14 357人，实有人员13 666人；区域级编制数967人、实有人员777人；乡镇级编制数18 998人，实有人员18 210人。较2015年，编制总数减

少 2 295 人，下降 5.45％；实有人员减少 3 480 人，下降 8.47％。其中省级编制数增加 85 人（增长 5.97％），实有人员增加 69 人（增长 5.53％）；市级编制数减少 122 人（下降 3％），实有人员减少 177 人（下降 4.63％）；县级站编制数减少 346 人（下降 2.35％），实有人员减少 1 199 人（下降 8.07％）；区域站编制数减少 416 人（下降 30.08％），实有人员减少 386 人（下降 33.19％）；乡镇站编制数减少 1 496 人（下降 7.30％），实有人员减少 1 787 人（下降 8.94％）。

2016 年实有人员较 2015 年大幅度的下降的主要原因是湖北省（2016 年全省减少 1 225 人，其中省级减少 8 人，市级减少 86 人，县级减少 281 人，区域站减少 41 人，乡镇站减少 809 人）乡镇"以钱养事"人员的退休和一些地方因地方财政原因采取"只退不进"政策，以及一些地方乡镇机构改革撤并等多种因素造成人员减少。

2. 队伍素质

全国省、地（市）、县、乡（区域）水产技术推广机构实有 37 615 人，共有技术人员 28 131 人，占实有人员的 74.8％，较 2015 年提升 2.8 个百分点。从技术职称情况看，正高级职称 431 人，副高级职称 2 949 人，正副级职称共计 3 380 人，占实有人员的 8.99％，比 2015 年的 7.41％提高 1.58 个百分点；中级职称 11 221 人，占实有人员的 29.83％，比 2015 年的 26.06％提高 3.77 个百分点；初级职称 13 530 人，占实有人员的 35.97％，比 2015 年的 34.62％下降 1.35 个百分点。2016 年中级以上职称人数占比比 2015 年提高 5.35 个百分点。从学历情况看，大学本科以上共计 11 007 人（博士 57 人，硕士 1 142 人，本科 9 808 人），占实有人员的 29.26％，比 2015 年提高 5.39 个百分点；大专学历 14 190 人，占实有人员的 37.72％，比 2015 年提高 4.11 个百分点；中专学历 7 351 人，占实有人员的 19.54％，比 2015 年下降 3.92 个百分点。

近年来各地推广机构录用、引进和吸收一批高学历人才，另外通过推广人员学历教育培养逐步提高了推广人员学历水平。

3. 人员年龄结构和性别比例

全国省、地（市）、县、乡（区域）水产技术推广机构人员 35 岁以下 6 951 人，占总人数的 18.48％；36～49 岁 21 111 人，占总人数的 56.12％；50 岁以上 9 553 人，占总人数的 25.40％。全国省、地（市）、县、乡（区域）水产技术推广机构人员中男性 27 355 人，占 72.72％；女性 10 260 人，占 27.28％。男性人员是女性的 2.7 倍。

从年龄构成看，50 岁以上人数较 35 岁以下人数偏多，造成推广人员队伍平均年龄偏大的格局。

（三）经费情况

2016 年，全国省、地（市）、县、乡（区域）级水产技术推广机构总经费 289 654 万元，其中人员经费 209 411 万元，占总经费的 72.30％；公用经费 23 515 万元，占总经费的 8.12％；项目经费 56 728 万元，占总经费的 19.58％。总经费比上一年增加 56 718 万元，增长 24.35％；人均 77 005 元，比上一年增加 20 323 元，增长 35.85％。其中人员经费 209 411 万元，比上一年增加 28 549 万元，增长 15.79％；人均 55 672 元，比上一年增加 11 662 元，增长 26.50％。项目经费 56 728 万元，比上一年增加 4 653 万元，增长

8.94％；人均 15 081 元，比上一年增加 2 409 元，增长 19.01％。从不同层级机构看，人员经费省级机构人均 168 184 元，较上一年增加 47 625 元；市级人均 85 774 元，较上一年增加 15 118 元；县级人均 56 600 元，较上一年增加 16 265 元；区域级人均 33 263 元，较上一年增加 3 729 元；乡镇级人均 41 774 元，较上一年增加 4 057 元。项目（业务）经费省级人均 431 066 元，较上一年增加 285 594 元；市级人均 28 830 元，较上一年增加 761 元；县级人均 19 129 元，较上一年增加 8 866 元；区域级人均 1 866 元，较上一年减少 1 799 元；乡镇级人均 811 元，较上一年减少 3 052 元。

2016 年各级水产技术推广机构总经费增幅较大，全国推广机构总经费增长 24.35％。县级经费增加 49.76％，省级经费增幅达 34.79％，地（市）级经费增加 22.60％，乡镇级经费持平，区域站经费减少 21.42％。主要原因：一是推广人员工资增长，二是各级政府项目投入增加，使推广机构总经费得到较大幅度增长。

（四）示范基地

全国省、地（市）、县、乡镇（区域）级水产技术推广机构共有示范基地 4 192 个，较 2015 年增加 53 个。全国水产技术推广机构自有试验示范基地 862 个，其中省级 30 个，地（市）级 93 个，县级 403 个，区域级 1 个，乡镇级 336 个。全国水产技术推广机构合作试验示范基地 3 330 个，其中省级 83 个，地（市）级 241 个，县级 1 550 个，区域级 22 个，乡镇级 1 434 个。示范基地构成中，推广机构示范基地单位拥有率为：省级 3.13 个，地（市）级 1.04 个，县级 0.95 个，区域级 0.08 个，乡镇级 0.16 个。

（五）办公条件情况

全国水产技术推广机构办公用房面积为 515 578 米²，人均面积 13.7 米²，其中省级 44 754 米²，人均 34 米²；地（市）级 68 987 米²，人均 18.92 米²；县级 164 336 米²，人均 12 米²；区域站 24 661 米²，31.74 米²；乡镇级 212 840 米²，人均 11.69 米²。

全国水产技术推广机构培训教室 1 493 个，其中省级 35 个，地（市）级 113 个，县级 516 个，区域级 21 个，乡镇级 808 个。培训教室面积 119 497 米²，省级 9 967 米²，地（市）级 11 065 米²，县级 38 364 米²，区域级 1 680 米²，乡镇级 58 422 米²。

全国水产技术推广机构实验室 2 335 个，其中省级 101 个，地（市）级 186 个，县级 919 个，区域级 18 个，乡镇级 1 111 个。实验室面积 175 630 米²，省级 31 101 米²，地（市）级 26 998 米²，县级 108 081 米²，区域级 430 米²，乡级 9 020 米²。实验室设备原值 104 552 万元，其中省级 33 858 万元，地（市）级 19 821 万元，县级 48 414 万元，区域级 179 万元，乡级 2 279 万元。

（六）信息平台建设

全国水产技术推广机构建立网站 4 257 个，手机平台 60 859 个，电话热线 56 961 条，技术简报 2 369 个。

（七）履职情况

全国水产技术推广机构推广示范关键技术累计 4 029 个；检验检测 136 632 批次；指

导面积 422 万公顷；服务农户 127 万户，企业 19 759 个，合作经济组织 21 101 个；渔民技术培训 18 057 期，培训 136.72 万人次。推广人员业务培训 58 440 次，学历教育 3 811 人次，公共信息服务覆盖用户 123 万户，发布信息 416 万条，发放技术资料 557 万份。

（八）技术成果

2016 年全国水产技术推广机构共获得技术成果数量 309 个；获得国家级奖项 8 个，省部级奖项 91 个，市厅级奖项 100 个，县级奖项 93 个；获得专利 197 项；发表论文 1 614 篇；制定标准/规范 337 个；审定新品种 32 个；出版图书 907 本。

综上所述，一方面随着全国城镇化的不断推进，各地区划调整推动乡镇撤并工作，乡镇农技推广机构也随之进行撤并。部分地区乡镇推广服务主体改变促使推广人员减员，造成全国水产技术推广机构数量和人员都有所下降。推广机构经费总体上仍未真正摆脱吃饭财政，缺乏稳定项目支持机制。推广人员年龄总体上偏大，推广队伍年轻化和知识化工作任重道远。另一方面，中央近年来支农惠农政策持续的支持和各地对农业工作的高度重视，促进了水产技术推广机构经费增长、办公条件设备改善、服务手段提升、服务方式优化。同时推广人员知识更新工程启动，促进了推广人员知识升级，理论和实践能力都得到提升，使履行职责和服务能力不断提高，并取得了一大批技术成果，为保障渔业健康发展提供了技术支持。

十一、2007—2016 年全国水产技术推广
体系变化趋势分析

自《国务院关于深化改革加强基层农业技术推广体系建设的意见》（国发〔2006〕30号）下发，全国启动了基层农业技术推广体系建设与改革步伐，到 2012 年中央 1 号文件推进"一个衔接、两个覆盖"，再到 2013 年新《中华人民共和国农业技术推广法》实施，加上地方政府改革尤其是乡镇合并的影响，使基层水产技术推广体系经历了重大变化，体现在水产技术推广机构、人员、经费保障、条件建设、履行职责等多个方面。现将有关情况分析如下。

（一）机构变化

全国水产技术推广机构从 2007 年的 13 163 个发展到 2016 年的 13 463 个，增加了 300 个（图 4-15）。其间经历了 2014 年的顶峰数量 14 755 个，又回落到 2016 年的 13 463 个。2006 年《国务院关于深化改革加强基层农业技术推广体系建设的意见》（国发〔2006〕30 号）下发后，各地按照中央精神陆续在县乡恢复和设立推广机构，使得推广机构数量较大幅度地增加，而随着 2015 年新乡镇体制改革的推进，各地通过乡镇合并后，机构数量有所下降。

从机构性质方面来看，行政和全额拨款单位从 2007 年 63.6％上升到 2016 年的 82.1％，提高了 18.5 个百分点。

水产专业站从 2007 年 3 925 个下降到 2016 年 2 927 个（图 4-16）；综合站从 2007 年的 9 238 个到 2016 年的 10 536 个（图 4-17）。目前，水产专业站主要分布在县级以上机构，乡镇机构大部分为综合站，这与目前乡镇改革后机构综合设置相一致。

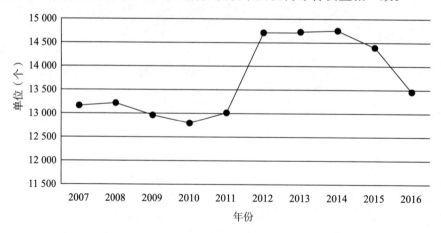

图 4-15　2007—2016 年全国水产技术推广机构数量变化

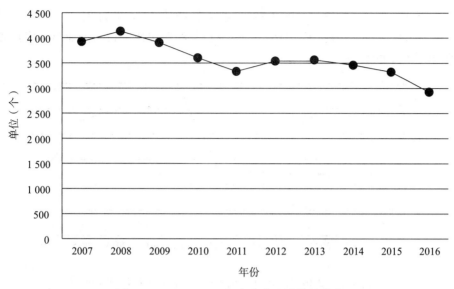

图 4-16 2007—2016 年水产专业站数量变化

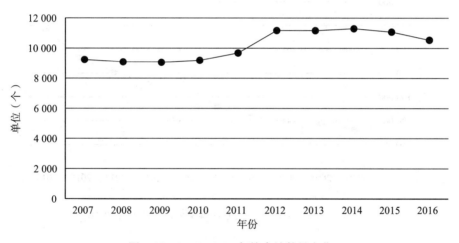

图 4-17 2007—2016 年综合站数量变化

（二）人员情况

全国水产推广体系人员从 2007 年的 36 021 人发展到 2016 年的 37 615 人，增加了 1 594 人。随着渔业发展壮大，推广队伍人员在 2012 年达到 42 598 人，而随着乡镇机构合并及推广人员分流和自然减员过程，推广人员数量又逐渐下降，回落到 2016 年 37 615 人（图 4-18），且这一态势可能还将延续。

（三）推广经费情况

随着中央 1 号文件"一衔接、两个覆盖"政策实施及各级地方政府对渔业发展的大力支持，水产推广体系总经费从 2007 年的 81 564.9 万元增加到 2016 年的 289 653.61 万元，增长了 255%（图 4-19）；人员经费从 2007 年的 60 111.25 万元增加到 2016 年的

209 410.72万元，增长了248%（图4-20）；业务经费从2007年的21 453.65万元增加到2016年56 728.23万元，增长了164%（图4-21）。经费快速增长与渔业事业发展相一致，经费保障水平在不断提升。

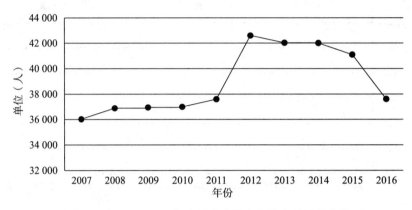

图4-18　2007—2016年全国水产推广机构人员数量变化

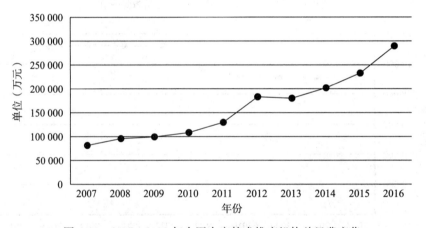

图4-19　2007—2016年全国水产技术推广机构总经费变化

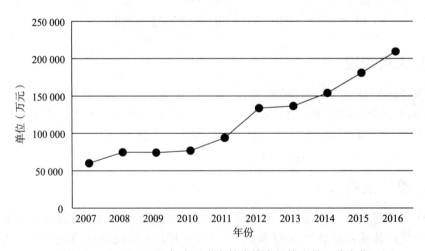

图4-20　2007—2016年全国水产技术推广机构人员经费变化

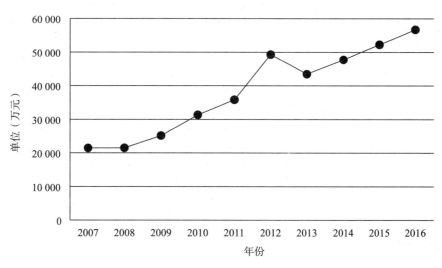

图 4-21　2007—2016 年全国水产技术推广机构人员经费变化

（四）推广机构履职情况

推广机构指导农户数量从 2007 年的 2 626 842 户到 2016 年的 1 272 614 户，减少了 1 354 228 户，下降 52％（图 4-22），指导面积从 2007 年的 3 370 508 公顷到 2016 年的 4 215 341 公顷，增加了 844 833 公顷，增长了 25％（图 4-23）。随着渔业规模化发展，小而散养殖方式逐渐被规模化养殖方式所替代，另外现代信息技术大量引入也促进了推广方式和模式进步。

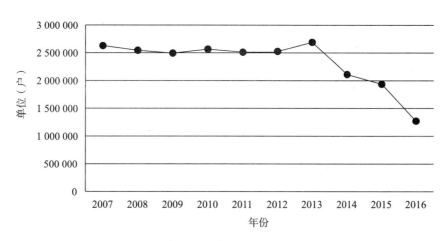

图 4-22　2007—2016 年全国水产技术推广机构指导用户数量变化

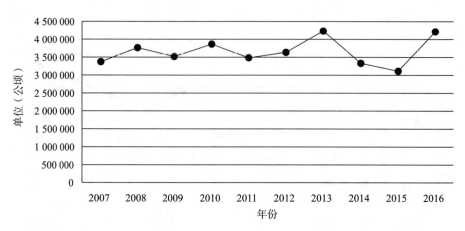

图 4-23 2007—2016 年全国水产技术推广机构指导面积变化

（五）总结

一是政府机构深化改革对水产技术推广机构、人员产生重大影响，尤其是乡镇合并造成了推广机构和人员的变化趋势呈下降态势，并且该态势可能将继续存在。二是随着渔业发展，中央和各级政府对渔业支持力度加大，经费保障日益加强，工作条件日益改善。三是随着科技进步，创新推广方式和模式不断涌现以及推广理念不断革新促进产业结构优化。四是渔业发展面临着绿色生态环保要求，技术推广工作任重道远。

05

第五部分　各地取得的技术成果及获奖项目

一、各地取得的技术成果

表 5-1 列出了各地取得的技术成果。

表 5-1　近年来各地取得的技术成果

序号	项目名称	时间	任务来源	验收或评价单位	承担单位	主要完成人
1	多倍体泥鳅的开发与利用	2015 年	北京市农业局	北京市农业局	北京市水产技术推广站	那立海、沈蕾、赵睿等
2	宫廷金鱼小池精养技术示范及推广	2015 年	北京市农业局	北京市农业局	北京市水产技术推广站	何川、汤理思、黄亮
3	鲤及锦鲤重大疫病诊断和防控技术研究	2016 年	北京市农业局	北京市农业局	北京市水产技术推广站	徐立蒲、曹欢、那立海等
4	北京市主要养殖鱼类药物残留风险评估及防控措施研究	2016 年	北京市农业局	北京市农业局	北京市水产技术推广站	潘勇、赵春晖、宗超等
5	澳洲鳕鱼的引种及人工高密度养殖试验	2016 年	北京市农业局	北京市农业局	北京市水产技术推广站	潘志、袁显春、刘旭成等
6	北京地区锦鲤配合饲料的研发与示范	2016 年	北京市农业局	北京市农业局	北京市水产技术推广站	何川、张黎、黄文等
7	池塘循环流水养殖技术试验示范	2016 年	北京市农村工作委员会	北京市农村工作委员会	北京市水产技术推广站	马立鸣、贾丽、那立海等
8	鱼虾科学混放生态高效养殖技术集成示范	2013 年	天津市武清区科学技术委员会	天津市武清区科学技术委员会	天津市武清区畜牧水产业发展服务中心	李长娥、甄长山
9	南美白对虾新品种"中心 1 号"引进及健康养殖技术示范	2011 年	天津市武清区科学技术委员会	天津市武清区科学技术委员会	天津市武清区畜牧水产业发展服务中心	李长娥、甄长山
10	南美白对虾良种引进繁育及养殖技术示范推广	2014—2017 年	天津市地方计划	天津市农业科技项目管理办公室	天津市水产技术推广站	魏建军
11	南美白对虾养殖关键技术集成与推广应用	2015—2016 年	天津市科学技术委员会	天津市科学技术委员会、天津农学院、天津市津南区财政局	天津市水生动物疫控中心	孙金生

（续）

序号	项目名称	时间	任务来源	验收或评价单位	承担单位	主要完成人
12	南美白对虾 F1 代苗种引进养殖示范	2017 年	天津市科学技术委员会	天津市农村工作委员会、天津市水生动物疫控中心、天津市农村工作组	天津市水生动物疫控中心	肖培弘
13	大水面（围埝）鱼虾混养先进技术集成示范工程	2014—2016 年	天津市武清区科学技术委员会	天津市武清区科学技术委员会	天津市武清区畜牧水产业发展服务中心	时文新、李长娥
14	对虾养殖生态防病技术推广	2014—2015 年	河北省农业厅	河北省农业厅	河北省水产技术推广站	王凤敏、马运聪、倪红军等
15	海参池塘健康养殖高产示范	2016 年	秦皇岛市农业局	河北省秦皇岛市农业局	河北省秦皇岛市水产技术推广站	秦皇岛市水产技术推广站、昌黎县水产技术站等
16	黑龙港流域南美白对虾高效养殖技术集成与示范	2013—2016 年	河北省农业厅	河北省农业厅	河北省衡水市水产技术推广站	薛建民、李瑞达、林红军等
17	大水面池塘定置网箱养殖技术集成与示范	2016 年	河北省农业厅	河北省农业厅	河北省衡水市水产技术推广站	薛建民、李瑞达、杨莉等
18	南美白对虾工厂化健康养殖技术示范与推广	2015—2016 年	河北省唐山市农业综合开发办公室	河北省唐山市农业综合开发办公室	河北省唐山市水产技术推广站	岳强
19	海水池塘刺参与中国对虾轮养技术示范	2014—2017 年	河北省唐山市科学技术局	河北省唐山市科学技术局	河北省唐山市水产技术推广站	苏文清等
20	海参池塘健康养殖高产示范	2016—2017 年	河北省秦皇岛市农业局	河北省秦皇岛市农业局	河北省秦皇岛市水产技术推广站	王凤昀、饶庆贺等
21	黄河内蒙古段黄河鲤鱼生物学特性研究	2017 年	农业部	农业部	内蒙古自治区水产技术推广站	冯伟业、丁守河等
22	宜渔水域综合利用技术研究	2013—2015 年	内蒙古自治区科技厅	内蒙古自治区科技厅	内蒙古自治区水产技术推广站	丁守河等
23	德黄鲤推广与应用	2014—2017 年	单位自选	内蒙古自治区农牧业厅	内蒙古自治区水产技术推广站	冯伟业
24	北方池塘鱼类安全越冬集成技术示范推广	2014—2016 年	辽宁省海洋与渔业厅	辽宁省海洋与渔业厅	辽宁省沈阳市辽中区水产技术推广站	徐广宏、王丽研、林若麟等
25	池塘养殖环境修复养护技术示范推广	2016 年	辽宁省沈阳市农村经济委员会	辽宁省水产技术推广总站	辽宁省沈阳市辽中区水产技术推广站	徐广宏、王丽研、林若麟等
26	北方池塘鱼类安全越冬集成技术项目	2016—2017 年	农业部、辽宁省水产技术推广总站	辽宁省省财政、省水产站专家组	辽宁省沈阳市辽中区水产技术推广站	于炳君、赵平、宋毅

（续）

序号	项目名称	时间	任务来源	验收或评价单位	承担单位	主要完成人
27	2015 年虹鳟鱼良种繁育与健康养殖示范推广	2015—2016 年	辽宁省水产技术推广总站	辽宁省水产技术推广总站	辽宁省丹东市水产技术推广总站	孙述好、袁甜
28	大竹蛏人工繁育与增殖技术示范推广	2016 年	辽宁省水产技术推广总站	辽宁省水产技术推广总站	辽宁省丹东市水产技术推广总站	任福海、李明等
29	2016 年刺参优质健康苗种生态繁育技术示范推广	2016 年	辽宁省财政厅	辽宁省财政厅	辽宁省丹东市水产技术推广总站	杨辉、袁甜
30	泥鳅鱼稻田养殖技术	2016 年	辽宁省丹东市财政局	丹东市海洋与渔业局	辽宁省丹东市水产技术推广总站	孙述好、刘刚
31	中国蛤蜊人工繁育及中间培育技术	2016 年	辽宁省丹东市财政局	辽宁省丹东市海洋与渔业局	辽宁省丹东市水产技术推广总站	袁甜、任福海
32	纵肋织纹螺人工繁育技术	2016 年	辽宁省丹东市财政局	辽宁省丹东市海洋与渔业局	辽宁省丹东市水产技术推广总站	任福海、李明等
33	南美白对虾淡水高产养殖技术	2016 年	辽宁省丹东市财政局	辽宁省丹东市海洋与渔业局	辽宁省丹东市水产技术推广总站	袁甜、马德利等
34	大鳞鲃引进及培育技术	2016 年	辽宁省丹东市财政局	辽宁省丹东市海洋与渔业局	辽宁省丹东市水产技术推广总站	孙述好、刘刚等
35	网箱养殖对鸭绿江属于环境影响的调查	2016 年	辽宁省丹东市财政局	辽宁省丹东市海洋与渔业局	辽宁省丹东市水产技术推广总站	冯春明、高沛力等
36	引进拉氏鲅池塘精养示范	2016 年	辽宁省丹东市财政局	辽宁省丹东市海洋与渔业局	辽宁省丹东市振安区水产技术推广站	刘续湖
37	大鲵引进及人工繁育	2016 年	辽宁省丹东市财政局	辽宁省丹东市海洋与渔业局	辽宁省丹东市振安区水产技术推广站	马国栋
38	锦鲤红白系列种质更新改良	2016 年	辽宁省丹东市财政局	辽宁省丹东市海洋与渔业局	辽宁省丹东市振安区水产技术推广站	郝红军
39	基层水产技术推广体系改革与建设项目	2016 年	辽宁省海洋与渔业厅	辽宁省海洋与渔业厅	辽宁省东港市水产技术推广站	东港市水产技术推广站及 16 个乡镇站
40	刺参优质健康苗种生态繁育技术示范推广项目	2016 年	辽宁省海洋与渔业厅	辽宁省海洋与渔业厅	辽宁省东港市水产技术推广站	车向庆等
41	河鲈人工育苗试验项目	2016 年	辽宁省丹东市海洋与渔业局	辽宁省丹东市海洋与渔业局	辽宁省东港市水产技术推广站	吴庆东等
42	乌鳢人工育苗及高产养殖技术研究项目	2016 年	辽宁省丹东市海洋与渔业局	辽宁省丹东市海洋与渔业局	辽宁省东港市水产技术推广站	冷忠业等

（续）

序号	项目名称	时间	任务来源	验收或评价单位	承担单位	主要完成人
43	中国对虾疾病与控制新模式探讨	2014—2016年	辽宁省锦州市海洋与渔业局	辽宁省锦州市科学技术和知识产权局	辽宁省锦州市水产技术推广站	符冬岩、李静、金勇等
44	海水池塘刺参生态育苗技术研究	2016年	辽宁省锦州市海洋与渔业局	辽宁省锦州市科学技术和知识产权局	辽宁省锦州市水产技术推广站	赵希纯、金勇、田中东等
45	工厂化刺参生态育苗技术研究	2014—2016年	辽宁省锦州市海洋与渔业局	辽宁省锦州市科学技术和知识产权局	辽宁省锦州市水产技术推广站	张国清、史超、朱俊等
46	水库高效养殖新模式	2016年	辽宁省水产技术推广总站延续项目	辽宁省水产技术推广总站	辽宁省阜新市水产技术推广站	李迎宏、李航、李南
47	水产新品种推广	2016年	自拟	辽宁省阜新市水利局	辽宁省阜新市水产技术推广站	李迎宏、李航、李南
48	刺参优质健康苗种生态繁育技术示范推广	2014—2016年	辽宁省海洋与渔厅	辽宁省海洋与渔厅	大连市水产技术推广总站等	刘彤、刘德坤、宋立新等
49	长海县筏养虾夷扇贝可持续养殖技术推广	2016年	大连市海洋与渔业局	大连市海洋与渔业局	大连市长海县水产技术推广站	姜成斌、纪卫东等
50	大竹蛏人工繁育与增殖技术示范推广	2015年	辽宁省海洋与渔厅	辽宁省海洋与渔厅	大连市水产技术推广总站	刘彤、陈文博等
51	北方池塘鱼类安全越冬集成技术示范推广	2015—2017年	辽宁省海洋与渔业厅、辽宁省财政厅	辽宁省财政厅、辽宁省海洋与渔业厅	辽宁省沈阳市辽中区水产技术推广站	徐广宏、王丽研、林若麟等
52	淡水池塘养殖环境修复养护技术示范推广	2015—2017年	沈阳市农村经济委员会、沈阳市财政局	辽宁省海洋与渔业厅	辽宁省沈阳市辽中区水产技术推广站	徐广宏、王丽研、林若麟等
53	淡水优势多品种生态健康养殖技术示范推广	2016—2017年	辽宁省海洋与渔业厅、辽宁省财政厅	辽宁省财政厅、辽宁省海洋与渔业厅	辽宁省沈阳市辽中区水产技术推广站	徐广宏、王丽研、林若麟等
54	大竹蛏人工繁育与增殖技术示范推广	2015—2017年	辽宁省水产技术推广总站	辽宁省水产技术推广总站	辽宁省丹东市水产技术推广总站	杨辉、任福海等
55	稻渔综合种养技术示范推广项目	2017年	辽宁省水产技术推广总站	辽宁省丹东市海洋与渔业局	辽宁省丹东市水产技术推广总站	杨辉、孙述好、冯春明
56	渔业优势品种生态健康养殖技术示范推广项目	2016—2017年	辽宁省财政厅	辽宁省海洋与渔业厅	辽宁省丹东市水产技术推广总站	梅文礼、袁甜、李志刚
57	泥鳅稻田养殖技术	2017年	辽宁省丹东市财政局	辽宁省丹东市海洋与渔业局	辽宁省丹东市水产技术推广总站	孙述好、冯春明等
58	南美白对虾淡水高产养殖技术	2017年	辽宁省丹东市财政局	辽宁省丹东市海洋与渔业局	辽宁省丹东市水产技术推广总站	袁甜、高杨等

（续）

序号	项目名称	时间	任务来源	验收或评价单位	承担单位	主要完成人
59	中国蛤蜊人工繁育及中间培育技术	2017年	辽宁省丹东市财政局	辽宁省丹东市海洋与渔业局	辽宁省丹东市水产技术推广总站	袁甜、任福海等
60	大鳞鲃人工养成技术研究	2017年	辽宁省丹东市财政局	辽宁省丹东市海洋与渔业局	辽宁省丹东市水产技术推广总站	孙述好、刘钢等
61	渔业优势品种生态健康养殖示范推广项目	2017年	辽宁省海洋与渔业厅	辽宁省海洋与渔业厅	辽宁省东港市水产技术推广站	车向庆等
62	海蜇品种选育试验项目	2017年	辽宁省丹东市财政局	辽宁省丹东市海洋与渔业局	辽宁省东港市水产技术推广站	冷忠业等
63	台湾泥鳅引进繁育及池塘养殖技术研究	2017年	辽宁省丹东市财政局	辽宁省丹东市海洋与渔业局	辽宁省东港市水产技术推广站	吴庆东等
64	牡蛎人工育苗与筏式养殖技术项目	2017年	辽宁省丹东市财政局	辽宁省丹东市海洋与渔业局	辽宁省丹东市菩萨庙镇水产技术推广站	王全国等
65	洛氏鱥池塘精养推广示范	2017年	辽宁省丹东市财政局	辽宁省丹东市海洋与渔业局	辽宁省丹东市水产技术推广总站	刘续湖
66	大鲵工厂化养殖示范	2017年	辽宁省丹东市财政局	辽宁省丹东市海洋与渔业局	辽宁省丹东市水产技术推广总站	马国栋
67	锦鲤黄金系列种质更新改良	2017年	辽宁省丹东市财政局	辽宁省丹东市海洋与渔业局	辽宁省丹东市水产技术推广总站	郝红军
68	渔业优势品种生态健康养殖技术示范推广	2017年	辽宁省海洋与渔业厅	辽宁省海洋与渔业厅	辽宁省水产技术推广总站、庄河市水产技术推广站	宋立新等
69	渔业优势品种生态健康养殖技术示范推广	2017年	辽宁省海洋与渔业厅	辽宁省海洋与渔业厅	辽宁省水产技术推广总站、长海县水产技术推广站	姜成斌等
70	渔业优势品种生态健康养殖技术示范推广	2017年	辽宁省海洋与渔业厅	辽宁省海洋与渔业厅	辽宁省水产技术推广总站、瓦房店市水产技术推广站	王忠菊等
71	渔业优势品种生态健康养殖技术示范推广	2017年	辽宁省海洋与渔业厅	辽宁省海洋与渔业厅	辽宁省水产技术推广总站、金普新区水产服务管理站	刘德坤等
72	越冬池塘底层微孔增氧技术规范	2016年	吉林省质量技术监督局	吉林省质量技术监督局	吉林省水产技术推广总站	孙占胜
73	稻田养殖中华绒螯蟹苗种技术规范	2016年	吉林省质量技术监督局	吉林省质量技术监督局	吉林省水产技术推广总站	满庆利
74	刀鲚规模化全人工繁育技术	2014—2016年	上海市农业委员会	上海市农业委员会	上海市水产研究所	施永海、张根玉、谢永德等

（续）

序号	项目名称	时间	任务来源	验收或评价单位	承担单位	主要完成人
75	海水陆基养殖关键技术研究	2013—2016年	上海市农业委员会	上海市农业委员会	上海市水产研究所	潘桂平、侯文杰、孙振中等
76	都市型高效循环养殖系统的研究与开发	2013—2016年	上海市农业委员会	上海市农业委员会	上海市水产研究所、上海市水产技术推广站	骆志强、王韩信、李燕等
77	光生物反应器在水产养殖中	2013—2016年	上海市农业委员会	上海市农业科技服务中心	上海市青浦区水门技术推广站	黄旭雄、怀向军等
78	长江口大规格河蟹池塘生态养殖技术研究和示范	2013—2016年	上海市科学技术委员会	上海市科学技术委员会	上海市宝山区水产技术推广站	管忠勤等
79	长江蟹生态养殖标准化示范区	2013—2016年	上海市质量技术监督管理局	上海市宝山区质量监督管理局	上海市宝山区水产技术推广站	管忠勤、王志强等
80	异育银鲫"中科3号"成鱼养殖试验	2015年	上海市松江区科学技术委员会	上海市松江区科学技术委员会	上海市松江区水产技术推广站	江芝娟、韩忠、高桂明等
81	上海市水生动物疾病远程会诊系统开发	2016—2017年	上海市农业委员会	上海市农业委员会	上海市水产研究所、上海市水产技术推广站	肖雨、张明辉、安伟等
82	舌鳎虎鱼人工繁育技术研究	2015—2016年	农业部东海与远洋渔业资源开发利用重点实验室	农业部东海与远洋渔业资源开发利用重点实验室	上海市水产研究所、上海市水产技术推广站	严银龙、施永海、赵峰等
83	崇明河蟹选育系工厂化繁育技术	2013—2016年	上海市科学技术委员会	上海市科学技术委员会	上海市水产研究所、上海市水产技术推广站	严银龙、张根玉、施永海等
84	菊黄东方鲀繁养技术研究	2012—2016年	农业部	农业部	上海市水产研究所、上海市水产技术推广站	张根玉、施永海、张海明等
85	长江刀鱼池塘鱼种驯养试验	2016年	上海市松江区科学技术委员会	上海市松江区科学技术委员会	上海市松江区水产技术推广站	江芝娟、俞宝根、高桂明等
86	白喉蛋龟的周年繁殖技术研究	2015—2016年	上海市嘉定区科学技术委员会	上海市嘉定区科学技术委员会	上海市嘉定区水产技术推广站	程熙、沈永国、胡春晖等
87	南美白对虾生长缓慢与虾肝肠胞虫相关性研究	2016年	上海市青浦区科学技术委员会	上海市青浦区科学技术委员会	上海市青浦区水产技术推广站	苏明、郭珺
88	不同品系南美白对虾养殖示范与比较研究	2016年	上海市青浦区科学技术委员会	上海市青浦区科学技术委员会	上海市青浦区水产技术推广站	苏明
89	成鳖池塘生态养殖技术研究	2014—2015年	上海市宝山区科学技术委员会	上海市宝山区科学技术委员会	上海市宝山区水产技术推广站	韩翔

（续）

序号	项目名称	时间	任务来源	验收或评价单位	承担单位	主要完成人
90	水生生物和渔业资源调查研究	2014—2015 年	上海市宝山区科学技术委员会	上海市宝山区科学技术委员会	上海市宝山区水产技术推广站	邬明光
91	江苏省水产动物细菌性病原及药物防控技术研究与应用	2013—2015 年	江苏省水产三新工程项目	江苏省海洋与渔业局	江苏省水生动物疫病预防控制中心等	陈辉、刘永杰、王文等
92	黄颡鱼健康养殖技术集成与示范推广	2011—2013 年	江苏省水产三新工程项目	江苏省海洋与渔业局	江苏省渔业技术推广中心	张永江、陈焕根、樊宝洪等
93	微食物环结构和功能在太湖渔业生态环境评价中的技术研究	2013—2015 年	江苏省农业自主创新项目	江苏省海洋与渔业局	江苏省渔业技术推广中心	段翠兰、樊宝洪、邹勇等
94	美洲鲥鱼苗种繁育及高效养殖关键技术研发与应用	2004—2015 年	农业部	农业部科技教育司	中国水产科学院、淡水渔业研发中心、江苏省江阴市水产指导站	徐钢春、张呈祥等
95	长江长春鳊驯养、繁育技术集成攻关与示范	2011—2013 年	江苏省水产三新工程项目	江苏省海洋与渔业局	江苏省靖江市水产站	朱爱奇等
96	南美白对虾多茬高效养殖技术集成与示范推广	2012—2014 年	江苏省"水产三新工程"项目	江苏省海洋与渔业局	江苏省阜宁县水产技术指导站	董乔仕、曹永军、周秀珍等
97	智能化鱼苗孵化装置研究及应用示范	2015—2016 年	2015 年度市科技计划项目	江苏省常州市科技局	江苏省武进区水产技术推广站	王红卫、褚秋芬、朱晓荣等
98	水产养殖投入品"三化五统一"管理模式	2013—2015 年	计划外	江苏省南通市海洋与渔业局	江苏省如皋市水产技术指导站	陈忠高等
99	功能微生物修复技术在池塘养殖中的研究与应用	2014—2016 年	江苏省财政厅、江苏省海洋与渔业局	江苏省海洋渔业局	江苏省无锡市水产技术推广站	张宪中、陈秋红
100	岱衢族大黄鱼腥味物质成分分析及形成机理研究	2014—2015 年	宁波市科学技术局	宁波市科学技术局	宁波市海洋与渔业研究院	林淑琴
101	大黄鱼卵泡抑素基因促生长功能分析	2013—2015 年	宁波市科学技术局	宁波市科学技术局	宁波市海洋与渔业研究院	沈伟良
102	宁波市主要食用水产品中持久性有机污染物的残留及其风险评价	2013—2015 年	宁波市科学技术局	宁波市科学技术局	宁波市海洋与渔业研究院	申屠基康
103	养殖环境污染治理及生态健康养殖模式应用研究	2014—2015 年	宁波市科学技术局	宁波市科学技术局	宁波市海洋与渔业研究院	段清源

（续）

序号	项目名称	时间	任务来源	验收或评价单位	承担单位	主要完成人
104	蟹（虾）-贝-藻多营养级生态养殖关键技术示范	2013—2015年	宁波市农业局	宁波市农业局	宁波市海洋与渔业研究院	王建平
105	虾草牧、虾瓜轮养作模式示范与推广	2012—2016年	宁波市农业局	宁波市农业局	宁波市海洋与渔业研究院	斯烈钢
106	日本对虾工厂化循环水高效健康养殖技术集成与示范	2014—2016年	宁波市科学技术局	宁波市科学技术局	宁波市象山县鱼得水水产有限公司、浙江工商大学、象山县水产技术推广站	刘长军
107	南美白对虾安全生产栅栏技术应用与推广	2014—2016年	宁波市农科教结合领导小组	宁波市农科教结合领导小组	宁波市奉化区渔业技术推广站	董任彭
108	三种溪流性特色经济鱼类的人工育苗及增养殖技术示范	2013—2016年	宁波市科学技术局	宁波市鄞州区科学技术局	宁波市鄞州区渔业技术管理服务站	袁思平、吴仲宁、薛聪顺
109	泥鳅人工繁育技术研究	2013—2016年	宁波市鄞州区科技项目	宁波市鄞州区科学技术局	宁波市鄞州区渔业技术管理服务站	薛聪顺、蔡惠凤、吴仲宁等
110	青蟹池塘生态育苗技术研究与示范	2011—2016年	宁波市鄞州区科技项目	宁波市鄞州区科学技术局	宁波市鄞州区渔业技术管理服务站	吴仲宁、王小波、袁思平等
111	百亩稻鳖连片种养区中华鳖安全高效养成关键技术集成与综合示范	2014—2015年	宁波市科学技术局	宁波市科学技术局	宁波市余姚市鼎绿生态农庄有限公司、余姚市水产技术推广中心	申屠琰、朱卫东、张继挺等
112	循环型稻渔规模化安全高效产出关键技术	2015—2016年	宁波市科学技术局	宁波市科学技术局	宁波市余姚市水产技术推广中心	王志铮、陈杰、申屠琰等
113	对虾主要疫病快速诊断技术及便携式试剂盒推广应用	2013—2015年	宁波市科学技术局	宁波市科学技术局	宁波市慈溪市水产技术推广中心	王美珍、徐海圣、范国明
114	渔业气象智能型信息技术研究与开发	2013—2015年	宁波市科学技术局	宁波市科学技术局	宁波市慈溪市水产技术推广中心	陈汉春、胡洲、岑伯明
115	浙江省水生动物疫病监控中心建设项目	2013—2015年	农业部	浙江省海洋与渔业局	浙江省水生动物防疫检疫中心	—
116	中华鳖遗传育种中心建设项目	2013—2015年	农业部	浙江省海洋与渔业局	浙江省水产技术推广总站	—
117	东海沿岸狭长型海湾综合整治集成技术及示范应用研究	2011—2016年	国家海洋局	宁波市科学技术局	宁波市海洋与渔业研究院	施慧雄等

（续）

序号	项目名称	时间	任务来源	验收或评价单位	承担单位	主要完成人
118	岱衢洋大黄鱼专用饲料集成应用研究与示范	2015—2016年	宁波市科学技术局	宁波市科学技术局	宁波市海洋与渔业研究院	申屠基康等
119	基于生物絮团技术在大棚养虾中的应用和推广	2010—2016年	宁波市农村工作办公室	宁波市科学技术局	宁波市海洋与渔业研究院	王建平等
120	生物絮团在工厂化南美白对虾养殖中的应用	2012—2016年	宁波市农村工作办公室	宁波市科学技术局	宁波市海洋与渔业研究院	吴松杰等
121	利用对虾养殖废水贝类高产育苗技术示范技术	2013—2016年	宁波市农村工作办公室	宁波市科学技术局	宁波市海洋与渔业研究院	沈庞幼等
122	沙塘鳢人工繁育技术研究	2014—2016年	宁波市农村工作办公室	宁波市科学技术局	宁波市海洋与渔业研究院	邬勇杰等
123	水产养殖氟喹诺酮类药物残留快速检测胶体金免疫技术研发与推广	2014—2016年	宁波市农村工作办公室	宁波市科学技术局	宁波市海洋与渔业研究院	杨家锋等
124	岛礁型海洋生态群落演变过程及资源恢复关键技术研究	2014—2016年	宁波市科学技术局	宁波市科学技术局	宁波市海洋与渔业研究院	焦海峰等
125	沙塘鳢人工繁育与杂交制种技术研究	2015—2016年	宁波市科学技术局	宁波市科学技术局	宁波市海洋与渔业研究院	邬勇杰等
126	对虾主要疫病快速诊断技术及便携式试剂盒推广应用	2014—2015年	宁波市科学技术局	宁波市科学技术局	宁波市慈溪市水产技术推广中心	王美珍、徐海圣、陈汉春等
127	台湾泥鳅人工繁殖及池塘养殖技术研究与推广	2015—2016年	宁波市农村工作办公室	宁波市农村工作办公室	宁波市慈溪市水产技术推广中心	陈贤龙、戎华南等
128	南美白对虾生态养殖技术研究与推广	2014—2015年	宁波市农村工作办公室	宁波市农村工作办公室	宁波市慈溪市水产技术推广中心	华建权、钱项赞等
129	南美白对虾淡水池塘套养技术规范	2015—2016年	浙江省质量技术监督局	浙江省海洋与渔业局	宁波市慈溪市水产技术推广中心	华建权、庞明伟等
130	大鲵仿生态繁殖人工洞穴构筑与配置效果分析	2015—2016年	宁波市慈溪市科学技术局	宁波市慈溪市科学技术局	宁波泽远水产养殖有限公司、慈溪市水产技术推广中心、	章吉萍、华建权等
131	稻田稳粮增渔环保综合种养研究与推广	2014—2015年	农业部	安徽省农业委员会	安徽省水产技术推广总站	奚业文、蒋军、黄和云等

（续）

序号	项目名称	时间	任务来源	验收或评价单位	承担单位	主要完成人
132	生态龟鳖产业化关键技术研发与应用	2012—2016年	安徽省科学技术厅	安徽省科学技术厅	安徽省合肥市畜牧水产技术推广中心	赖年悦、魏泽能等
133	大宗淡水鱼类新品种繁育设施创新及养殖技术推广	2014—2016年	福建省发展和改革委员会	福建省发展和改革委员会	福建省水产技术推广总站	游宇、叶翚等
134	坛紫菜冷藏网养殖技术	2014—2016年	坛紫菜省种业项目	福建省农业科学院	福建省水产技术推广总站	翁祖桐
135	泥东风螺规范化人工繁育和增殖放流关键技术研究与应用	2012—2015年	国家海洋局	国家海洋局	福建省水产技术推广总站、福建省水产研究所	林国清
136	匙吻鲟山塘水库养殖试验	2014—2015年	德化县科技局	德化县科技局	福建省德化县水产技术站、德化县东风水库养殖场	罗茂树、张以仁、林婉丽等
137	大宗淡水鱼繁育工艺创新及生态养殖模式示范推广	2014—2016年	福建省海洋与渔业厅	福建省海洋与渔业厅	福建省水产技术推广总站	游宇、叶翚、林德忠等
138	池塘循环流水生态养殖模式示范项目	2015—2016年	福建省海洋与渔业结构调整专项资金	福建省海洋与渔业厅	福建省水产技术推广总站	游宇、叶翚、杜聪致等
139	大黄鱼良种培育与推广	2016年	国家科技部科技型中小企业技术创新基金管理中心	福建省宁德市农业科技推广评定工作领导小组	富发水产有限公司、福建省宁德市水产技术推广站、蕉城区水产技术推广站	韩坤煌、刘招坤、张艺等
140	美洲黑石斑鱼人工繁育	2016年	福建省福安市政府	福建省福安市政府	福建省福安市水产技术推广站	刘瑞义、刘忠荣、江瑞平
141	池塘蓄水养蛏高产技术推广	2016年	福建省宁德市人民政府	福建省宁德市农业科技推广评定工作领导小组	福建省蕉城区水产技术推广站	陈庆荣、苏仰源、林长顺等
142	石斑鱼工厂化养成技术集成与示范推广	2014—2015年	福建省海洋与渔业结构调整专项	福建省海洋与渔业厅	福建省漳州市水产技术推广站	尤颖哲、陈何东、陈艳翠等
143	波纹巴非蛤资源恢复技术集成与示范	2012—2016年	国家海洋公益性行业科研专项	福建省海洋与渔业厅	厦门大学	尤颖哲、蔡葆青、陈何东等
144	福州市金鱼品种保护项目	2013—2015年	福州市海洋与渔业局	福建省福州市海洋与渔业局	福建省福州海洋与渔业技术中心等	陈月、游小艇等
145	青蟹设施化养成技术示范	2014—2016年	福建省海洋与渔业结构调整专项资金	福建省海洋与渔业厅	福州海洋与渔业技术中心	杨铭等

（续）

序号	项目名称	时间	任务来源	验收或评价单位	承担单位	主要完成人
146	"鹭雄一号"罗非鱼繁养殖示范推广	2015—2016年	福建省海洋与渔业结构调整专项项目	福建省海洋与渔业厅	福建省漳州市水产技术推广站	尤颖哲、万为民、陈三木等
147	高优水产新品种引进、试验、示范推广	2017—2018年	漳州市市本级财政社会事业发展专项（农业）项目	福建省水产研究所、厦门出入境检验检疫局检验检疫技术中心、厦门大学	福建省漳州市水产技术推广站	尤颖哲、戴燕彬、陈何东等
148	漳州市重点水域养殖病害监控	2017—2018年	漳州市市本级财政社会事业发展专项（农业）项目	厦门出入境检验检疫局检验检疫技术中心、厦门大学、福建省水产研究所	福建省漳州市水产技术推广站	尤颖哲、王艺红、陈何东等
149	水生动物重大疫病防治	2017年	漳州市海洋与渔业重点与创新工作项目	厦门大学、厦门出入境检验检疫局检验检疫技术中心、福建省水产研究所	福建省漳州市水产技术推广站	尤颖哲、王艺红、陈何东等
150	丘陵山坳池塘节水养殖技术规范	2016—2017年	福建省质量技术监督局	福建省海洋与渔业厅	福建省龙岩市水产技术推广站	林炳明、林德忠等
151	大黄鱼繁育技术规范	2015—2017年	农业部渔业渔政管理局	全国水产标准化技术委员会海水养殖分技术委员会	富发水产有限公司、福建省宁德市水产技术推广站	刘招坤、刘家富、张艺等
152	长茎葡萄蕨藻工厂化养殖试验项目	2017年	国家标准化管理委员会	由福建省闽东水产研究所、宁德市水产技术推广站、宁德市海洋与渔业环境监测站等4位专家组成的考核专家组	福建省霞浦县水产技术推广站	叶启旺、陈梅芳、蔡珠金等
153	泥东风螺人工育苗及苗种中间繁育技术研究与集成	2012—2015年	国家海洋局	国家海洋局	福建省水产技术推广总站	林国清、林丹
154	大黄鱼内脏结节病病原调查与防控技术研究	2014—2017年	福建省科学技术厅	福建省科学技术厅	福建省水产技术推广总站、福建省农业科学院	王凡、许斌福、廖碧钗
155	稻田综合种养	2016—2017年	福建省福州市海洋与渔业局	福建省福州市海洋与渔业局	福建省福州市海洋与渔业技术中心	杨铭等
156	江西省重大水生动物疫病监测及流行规律与防控技术的研究	2015—2017年	江西省科学技术厅	江西省科学技术厅	江西省水产技术推广站、珠江水产研究所	欧阳敏、田飞焱、曾伟伟等

（续）

序号	项目名称	时间	任务来源	验收或评价单位	承担单位	主要完成人
157	水产品中喹诺酮类及孔雀石绿残留免疫胶体金检测试剂盒的开发和优化	2015—2017年	江西省科学技术厅	江西省科学技术厅	江西省水产技术推广站、杭州南开日新生物技术有限公司	谢世红、张少恩、孟霞等
158	克氏原螯虾产业化关键技术集成与示范推广	2010—2014年	农业部国家公益项目	中国农学会	江西省水产技术推广站	—
159	池塘水质综合调控及节能减排技术	2015—2016年	山东省财政厅	山东省农牧丰收奖励委员会	山东省渔业技术推广站等	董济军等
160	池塘微生态制剂水质底质调控技术推广	2015—2016年	山东省财政厅	山东省农牧丰收奖励委员会	山东省渔业技术推广站等	黄树庆等
161	泥鳅规模人工繁育及高产养殖技术推广	2015—2016年	山东省财政厅	山东省农牧丰收奖励委员会	山东省济宁市任城区水产、枣庄市市中区水产站	张开登、宫修清等
162	稻田综合养殖技术	2015—2016年	山东省财政厅	山东省农牧丰收奖励委员会	山东省台儿庄区畜牧水产服务中心、东平县水产技术推广站	张芬、张雪雷、尹文静等
163	刺参高效安全养殖集成配套技术	2015—2016年	山东省财政厅	山东省海洋与渔业厅	山东省河口区渔业技术推广站	朱丰锡、黄光明、王树海等
164	南美白对虾健康养殖技术	2015—2016年	山东省财政厅	山东省海洋与渔业厅	山东省广饶县渔业技术推广站	崔慧敏、房振峰
165	开放型海域增养殖技术研究	2013—2016年	山东省海洋与渔业厅	山东省海洋与渔业厅	山东省威海北海水产开发有限公司、威海市环翠区海洋与渔业研究所	原永党、谷杰泉、张学进等
166	利用黄河水配兑地热深井水设施化凡纳滨对虾养殖技术研究	2015—2016年	山东省滨州市	山东省滨州市科学技术局	山东省滨城区渔技站、滨州市渔技站、滨州市海洋与渔业研究所区渔技站	王淑生、王清忠、张晓新等
167	研究篮子鱼清除刺参养殖池塘中大型丝藻的技术	2012—2013年	山东省	山东省威海市科技局	山东省威海市文登区水产技术推广站	王世党、王海涛、郑春波等
168	引进耐高温刺参池塘中间培育技术研究	2014—2015年	山东省威海市	山东省文登区科技局	山东省威海市文登区水产技术推广站	王海涛、王世党、吴鹏等
169	除藻剂的除藻效果及其对养殖产业安全性研究	2013—2016年	山东省烟台市科技发展计划	山东省烟台市科学技术局	山东省烟台市水产研究所	孙灵毅

（续）

序号	项目名称	时间	任务来源	验收或评价单位	承担单位	主要完成人
170	淡水池塘鱼菜生态高效种养技术研究与推广	2016年	山东省曲阜市	山东省曲阜市科学技术局	山东省曲阜市农业局水产办公室	韦敏
171	池塘养殖微孔增氧技术研究与推广	2016年	山东省曲阜市	山东省曲阜市科学技术局	山东省曲阜市农业局水产办公室	盛春霞
172	沂水县浯河马口鱼省级水产种质资源保护及修复	2016年	山东省海洋渔业厅	山东省沂水县科技局	山东省沂水县渔业局	张廷胜、李太萍、刘艳华
173	鱼类增殖放流对河道水体影响研究	2014—2016年	山东省枣庄市科学技术局	山东省枣庄市科学技术局	山东省枣庄市水产技术推广站	王玉先
174	引进"黄选一号"梭子蟹池塘生态养殖技术研究与应用	2013—2015年	山东省威海市科学技术局	山东省威海市科学技术局	山东省威海市文登区水产技术推广站	王世党、王海涛等
175	滨州20万亩南美白对虾高效生态养殖技术示范与推广	2016—2017年	山东省滨州市科学技术局	山东省滨州市科学技术局	山东省滨州市渔业技术推广站	王玉清等
176	黄河三角洲南美白对虾高位水池养殖技术研究与示范	2015—2016年	山东省滨州市科学技术局	山东省滨州市科学技术局	山东省滨州市渔业技术推广站	王玉清等
177	水产养殖节能减排集成及示范推广	2014—2016年	全国水产技术推广总站	中国科学技术协会	河南省水产技术推广站	王飞
178	水雍菜对河南沿黄养高产池塘水质调控研究与推广	2013—2014年	河南省科学技术厅	河南省科学技术厅	河南省水产技术推广站	王飞
179	河南冷水鱼集成养殖技术研究与推广	2013—2015年	自选	河南省科学技术厅	河南省水产技术推广站	李同国
180	河蟹蟹种一年两茬本地化培育技术研究	2014—2015年	湖北省科学技术厅	湖北省科学技术厅	湖北省水产技术推广总站	马达文等
181	池塘"3+5"分段养殖可控技术集成与示范	2012—2015年	湖北省农业厅	湖北省科学技术厅	湖北省水产技术推广总站	马达文等
182	草鱼品质提升及养殖减排关键技术研发与产业化应用	2016—2017年	广东省海洋与渔业厅	广东省科学技术厅	广东省海洋与渔业技术推广总站	罗国武等
183	光倒刺鲃良种选育关键技术研究与应用	2012—2016年	广东省科学技术厅	广东省韶关市科学技术局	广东省韶关市渔业技术推广站、韶关市水产研究所	蓝昭军等
184	乐昌市基层快速检测点建设及运作	2016—2017年	广东省水产品治疗安全专项	广东省韶关市水产管理局	广东省乐昌市畜牧兽医水产局	刘永明

（续）

序号	项目名称	时间	任务来源	验收或评价单位	承担单位	主要完成人
185	对虾清洁养殖技术集成示范与推广	2014—2015年	广西壮族自治区水产畜牧科技推广应用项目	广西壮族自治区水产畜牧兽医局	广西壮族自治区水产技术推广总站	肖珊、龙光华等
186	细鳞斜颌鲴增养殖技术推广应用	2010—2016年	广西壮族自治区水产畜牧兽医局	广西壮族自治区水产畜牧兽医局	广西壮族自治区水产技术推广总站、广西壮族自治区水产引育种中心、南宁市珂嘉水产畜牧科技开发有限公司	李坚明、张盛、林岗等
187	近江牡蛎类立克次体病及其防控关键技术与规模化应用研究	2006年	广西壮族自治区钦州市科学技术局	广西壮族自治区钦州市科学技术局	钦州学院、浙江大学、中国科学院南海海洋研究所、广西壮族自治区水产技术推广站等	吴信忠、许婷、孙敬锋等
188	佛州拟鳄龟引种选育及良种推广	2014—2016年	广西壮族自治区防城港市科学研究与技术开发计划项目	广西壮族自治区防城港市科学技术局	广西壮族自治区防城港市水产技术推广站	裴琨、檀宁、韦朝民等
189	种草养鱼技术推广	2016年	基层农技推广项目	广西壮族自治区上思县水产畜牧兽医局	广西壮族自治区防城港市上思县渔业站	黄卓林
190	胡子鲇高效安全养殖技术开发	2011—2012年	广西壮族自治区玉林市科学技术局	广西壮族自治区玉林市科学技术局	广西壮族自治区玉林市水产技术推广站	江新华
191	黄沙鳖高效安全养殖技术开发项目	2012—2013年	广西壮族自治区玉林市科学技术局	广西壮族自治区玉林市科学技术局	广西壮族自治区玉林市水产技术推广站	江新华
192	大口鲇鱼苗标准化养殖技术示范项目	2013—2014年	广西壮族自治区玉林市科学技术局	广西壮族自治区玉林市科学技术局	广西壮族自治区玉林市水产技术推广站	江新华
193	水生动物疫病防控、监管及渔业规范管理指导	2016年	柳渔牧发〔2016〕44号	广西壮族自治区柳州市水产畜牧兽医局	广西壮族自治区柳州渔业技术推广站	司徒玲
194	柳江河渔业保护	2016年	柳财预追〔2015〕54号	广西壮族自治区柳州市水产畜牧兽医局	广西壮族自治区柳州渔业技术推广站	罗福广
195	柳州市稻田养殖发展可行性研究	2016年	柳财预〔2015〕661号	广西壮族自治区柳州市水产畜牧兽医局	广西壮族自治区柳州渔业技术推广站	刘俊玲

（续）

序号	项目名称	时间	任务来源	验收或评价单位	承担单位	主要完成人
196	泥鳅种苗繁育及人工养殖技术应用示范课题	2015—2016年	广西壮族自治区鹿寨县级科技项目	广西壮族自治区鹿寨县科技工贸和信息化局	广西壮族自治区柳州市鹿寨县水产技术推广站	李燕华
197	山塘水库高产高效生态渔业技术研究与示范	2014—2016年	柳北科字〔2015〕5号	广西壮族自治区柳州市科技项目验收办公室	广西壮族自治区柳州市天之润农业发展有限公司 柳州市渔业技术推广站	文衍红、黄凯、黄杰等
198	海水养殖废水处理技术研究	2013—2014年	海南省科学技术厅	海南省科学技术厅	海南省海洋与渔业科学院	白丽蓉
199	石斑鱼病毒性病害检测及其综合防控技术研究	2014—2015年	海南省科学技术厅	海南省科学技术厅	海南省海洋与渔业科学院	白丽蓉
200	石斑鱼细菌性溃烂病主要病原菌分离鉴定及防治技术研究	2013—2014年	海南省科学技术厅	海南省科学技术厅	海南省海洋与渔业科学院	赵志英
201	中国南海水生贝类的区系分布特征及分类鉴定研究	2014—2015年	海南省科学技术厅	海南省科学技术厅	海南省海洋与渔业科学院	白丽蓉
202	棕点石斑鱼池塘健康养殖技术研究与示范	2013—2015年	海南省科学技术厅	海南省科学技术厅	海南省海洋与渔业科学院	赵志英
203	海马工厂化养殖技术研究	2014—2016年	海南省科学技术厅	海南省创发中心	海南省海洋与渔业科学院	骆大鹏
204	鱼、虾、贝生态养殖技术研究	2013—2016年	海南省科学技术厅	海南省创发中心	海南省海洋与渔业科学院	骆大鹏
205	凡纳滨对虾种群选育技术研究	2014—2016年	海南省科学技术厅	海南省创发中心	海南省海洋与渔业科学院	骆大鹏
206	虾蛄池塘无公害养殖技术研究	2013—2016年	海南省科学技术厅	海南省创发中心	海南省海洋与渔业科学院	骆大鹏
207	池塘鱼菜共生综合种养技术推广项目	2013—2015年	重庆市财政专项资金	重庆市农业委员会	重庆市水产技术推广总站等	李虹、翟旭亮、王波等
208	江津富硒水产养殖试验	2015—2016年	重庆市江津区富硒产业发展办公室	重庆市江津区农业委员会	重庆市江津区水产技术推广站	苏承刚，李荣，陈卓等
209	巫山县大鲵仿生态繁殖技术	2012—2015年	与企业合作	重庆市巫山县科技进步奖评审委员会	重庆市巫山县水产管理站 巫山县永祥农业开发公司	黎春、王春生、蒋忠等
210	龙滩水库渔业利用优化模式研究	2011—2013年	贵州省科学技术厅	贵州省科学技术厅	贵州省水产技术推广站	谢巧雄

（续）

序号	项目名称	时间	任务来源	验收或评价单位	承担单位	主要完成人
211	昆明裂腹鱼全人工繁育关键技术研究	2013—2014年	贵州省科学技术厅	贵州省科学技术厅	贵州省水产技术推广站	晏宏、崔巍
212	贵州省大鲵细菌性疾病诊断和防治关键技术研究与示范	2012—2015年	贵州省科学技术厅	贵州省科学技术厅	贵州省水产技术推广站	罗永成
213	龙滩水库渔业利用优化模式研究	2011—2013年	贵州省科学技术厅	贵州省科学技术厅	贵州省水产技术推广站	谢巧雄
214	昆明裂腹鱼全人工繁育关键技术研究	2013—2014年	贵州省科学技术厅	贵州省科学技术厅	贵州省水产技术推广站	晏宏、崔巍、温燕玲等
215	贵州省大鲵细菌性疾病诊断和防治关键技术研究与示范	2012—2015年	贵州省科学技术厅	贵州省科学技术厅	贵州省水产技术推广站	罗永成、崔巍、安元银等
216	澳洲淡水龙虾引进与推广试验示范	2016年	贵州省铜仁市碧江区科技中心	贵州省铜仁市碧江区科技中心	贵州省铜仁市碧江区渔业技术推广站	杨军、李婉琴、王忠军等
217	三万亩大水面健康养殖示范	2016年	松桃县人民政府	贵州省松桃县政府、县财政局、县统计局、县扶贫办	贵州省松桃畜牧业中心、县水产技术推广站	—
218	二千亩特种水产规范化高效养殖	2016年	铜仁市农业委员会	贵州省铜仁市农委、市水产技术推广站、县扶贫办	贵州省松桃县水产技术推广站	曾庆敖、向华军、陈玉梅等
219	三个万元工程高效示范2000亩	2016年	铜仁市农业委员会	贵州省铜仁市农业委员会	贵州省松桃县水产技术推广站	曾庆敖、向华军、陈玉梅等
220	玉屏县2016年特种水产养殖（龙虾）产业化扶贫项目	2016年	铜仁市扶贫办	贵州省玉屏侗族自治县扶贫办、县财政局、县农牧科技局、田坪镇政府	贵州省玉屏侗族自治县田坪镇政府	黄宏、姚峰
221	大闸蟹高效养殖关键技术研究	2016年	贵州省农业委员会	贵州省铜仁市农业委员会	贵州省铜仁市渔业技术推广站	周章、贺兵、江洪等
222	稻-鱼-蛙工程	2016年	贵州省黔东南苗族侗族自治州	贵州省黔东南苗族侗族自治州农业委员会	贵州省剑河县农业局	江涛、杨成忠、莫若彬
223	稻田荷-鱼工程	2016年	贵州省黔东南苗族侗族自治州	贵州省黔东南苗族侗族自治州农业委员会	贵州省剑河县农业局	江涛、杨成忠、莫若彬
224	稻田综合种养示范技术	2016年	贵州省台江县人民政府	贵州省农业委员会	贵州省台江县农业局	张昌帮、冯书发、张志勇
225	都匀市冷水鱼养殖	2016年	贵州省黔南布依族苗族自治州农业委员会	贵州省黔南布依族苗族自治州农业委员会	贵州省都匀市水产站	马文理等

（续）

序号	项目名称	时间	任务来源	验收或评价单位	承担单位	主要完成人
226	保山市福瑞鲤引种示范与推广	2012—2016年	自选	云南省保山市农业局	云南省保山市水产工作站	杨家强、朱国周、赵琼英等
227	宁洱县罗非鱼标准化健康养殖技术推广	2015—2016年	自选	云南省普洱市科学技术局	云南省宁洱县水产技术推广站	周俊、杜益兵、王志坚等
228	罗氏沼虾生态养殖技术研究与示范	2016年	自选	云南省临沧市科学技术局	云南省临沧市水产技术推广站	梁云安等
229	异育银鲫"中科3号"引种、示范、推广	2016年	国家大宗淡水鱼产业体系	云南省开远市科学技术局	云南省开远市水产技术辅导站	王建伟等
230	文山市稻田养鱼示范	2016年	云南省文山市农业和科学技术局	云南省文山市农业和科学技术局	云南省文山市渔业工作站	马加明、李春媛
231	文山市冬水田养鱼示范	2016年	云南省文山市农业和科学技术局	云南省文山市农业和科学技术局	云南省文山市渔业工作站	苏绍俊、李春媛
232	文山市名特优养殖示范	2016年	云南省文山市农业和科学技术局	云南省文山市农业和科学技术局	云南省文山市渔业工作站	崔航、李春媛
233	抚仙湖杞麓鲤人工驯养繁殖技术	2013—2017年	自选	云南省玉溪市科学技术奖励委员会办公室	云南省玉溪市江川区水产技术推广站等	张四春等
234	冷流水养鲟技术	2015—2016年	新品种引进	陕西省商洛市渔政监督管理站	陕西省商南县水产站	吴相华
235	常规鱼类药残抽检技术	2016年	水产品质量安全监管	陕西省商南县食安办	陕西省商南县水产站	吴相华
236	小二型水库生态养殖技术研究	2016年	陕西省南郑县科技局	陕西省南郑县科技局	陕西省南郑县水产工作站	李万春、赵瑞平、晏顺
237	稻田甲鱼生态养殖技术研究	2015—2016年	陕西省水利厅科技项目	陕西省水利厅	陕西省南郑县水产工作站	李万春、赵瑞平、晏顺
238	齐口裂腹鱼人工繁殖技术研究	2014—2016年	陕西省水利厅科技项目	陕西省水利厅	陕西省南郑县水产工作站	李万春、赵瑞平、晏顺
239	西伯利亚鲟和史氏鲟杂交人工繁殖技术研究	2014—2016年	陕西省水利厅科技项目	陕西省水利厅	陕西省汉中市水产工作站、佛坪县渔政监督管理站	谷云、胡贵兴
240	汉江安康段渔业生态养殖技术研究与示范	2016—2017年	陕西省安康市人民政府	陕西省安康市人民政府	陕西省安康市渔业局	庄安
241	甘肃省万亩池塘高产高效关键养殖技术集成示范与推广项目	2014—2015年	自列	甘肃省农牧厅	甘肃省渔业技术推广总站	李勤慎

（续）

序号	项目名称	时间	任务来源	验收或评价单位	承担单位	主要完成人
242	鲟鱼、鲑鳟鱼网箱养殖关键技术集成示范与推广项目	2014—2015年	自列	甘肃省农牧厅	甘肃省渔业技术推广总站	李勤慎
243	西北高原鲟鱼繁育及产业化技术集成与应用	2006—2015年	自列	甘肃省科学技术厅	甘肃省渔业技术推广总站	李勤慎
244	温棚鳖不同生长阶段肌肉和裙边组织营养成分变化规律研究	2012—2015年	自列	甘肃省庆阳市科技局	甘肃省庆阳市水产工作站	赵小合、葛仲显
245	水产-物联网	2016年	宁夏回族自治区银川市	宁夏回族自治区银川市科学技术局	宁夏回族自治区银川科海生物技术有限公司、银川市水产技术推广服务中心	石伟、王晓奕
246	泥鳅池塘养殖	2017年	宁夏回族自治区吴忠市人民政府	宁夏回族自治区吴忠市农牧局	宁夏回族自治区吴忠市畜牧水产技术推广服务中心及唐滩渔场	周学林、杨睿、马献军
247	冷水鱼新品种选育与高效养殖创建示范	2011—2015年	新疆生产建设兵团科技计划项目	新疆生产建设兵团科学技术局	新疆生产建设兵团水产技术推广总站	钱龙
248	河鲈（五道黑）高效健康养殖技术示范与推广	2014—2016年	2014国家星火计划项目	新疆生产建设兵团科学技术局	新疆生产建设兵团水产技术推广总站	范镇明
249	国家一级保护动物扁吻鱼全人工繁殖技术研究	2002—2016年	新疆维吾尔自治区科学技术厅	新疆维吾尔自治区科学技术厅	新疆维吾尔自治区水产科学研究所	郭焱、谢春刚、吐尔逊等
250	大鳞鲃的引进与推广	2015—2016年	新疆维吾尔自治区阿勒泰地区科技计划项目	新疆维吾尔自治区阿勒泰地区科技局	新疆维吾尔自治区阿勒泰地区水产推广站	李胜、热汗姑
251	阿勒泰地区哲罗鲑规模化养殖及产业发展	2014—2016年	阿勒泰地区科技计划项目	新疆维吾尔自治区阿勒泰地区科技局	新疆维吾尔自治区阿勒泰地区水产推广站	李胜、热汗姑

二、各地获奖项目

各地获奖项目见表5-2。

表5-2 近年来各地获奖项目

序号	获奖成果名称	奖项名称	颁发机构	获奖时间	奖项级别	获奖等次	获奖单位	获奖排名	完成人
1	甘肃珍稀土著鱼类保护及人工繁育养殖集成技术研究与应用	甘肃省科学技术进步奖	甘肃省人民政府	2015年	省级	三等奖	甘肃省渔业技术推广总站	1	李勤慎
2	甘肃省万亩池塘高产高效关键养殖技术集成示范与推广	甘肃省农牧渔业丰收奖	甘肃省农牧厅	2016年	厅级	二等奖	甘肃省渔业技术推广总站	1	李勤慎
3	鲟鱼、鲑鳟鱼网箱养殖关键技术集成示范与推广	甘肃省农牧渔业丰收奖	甘肃省农牧厅	2016年	厅级	三等奖	甘肃省渔业技术推广总站	1	邵东宏
4	大型网箱鲑鳟鱼养殖技术研究与示范推广	全国农牧渔业丰收奖成果奖	农业部	2016年	省部级	二等奖	青海省渔业环境监测站	2	申志新
5	安徽生态龟鳖产业化技术研发与示范推广	全国农牧渔业丰收奖成果奖	农业部	2016年	省部级	二等奖	安徽省水产技术推广总站	1	赖年悦
6	蚕蛹在鲤鱼饲料中的应用技术	安康市科学技术奖	安康市人民政府	2016年	市级	一等奖	陕西省安康市渔业局	1	吉红
7	刺参生态繁养及产业化开发技术示范推广	全国农牧渔业丰收奖成果奖	农业部	2016年	省部级	三等奖	辽宁省水产技术推广总站	24	刘学光
8	鸭绿江唇鱼骨人工繁育及养殖技术	辽宁省海洋与渔业科技贡献奖	辽宁省海洋与渔业厅	2016年	市级	二等奖	辽宁省丹东市水产技术推广总站	—	孙述好
9	大竹蛏人工育苗技术	丹东市科技进步奖	丹东市人民政府	2016年	市级	二等奖	辽宁省丹东市水产技术推广总站	—	杨辉

（续）

序号	获奖成果名称	奖项名称	颁发机构	获奖时间	奖项级别	获奖等次	获奖单位	获奖排名	完成人
10	淡水养殖南美白对虾高产技术	丹东市科技进步奖	丹东市人民政府	2016年	市级	二等奖	辽宁省东港市水产技术推广站	一	冷忠业等
11	中国对虾疾病预防与控制新模式探讨	科学技术攻关奖	锦州市科学技术和知识产权局	2016年	市级	一等奖	辽宁省锦州市水产技术推广站	一	符冬岩
12	工厂化刺参生态育苗技术研究	科学技术攻关奖	锦州市科学技术和知识产权局	2016年	市级	一等奖	辽宁省锦州市水产技术推广站	一	张国清
13	海水池塘刺参生态育苗技术研究	科学技术攻关奖	锦州市科学技术和知识产权局	2016年	市级	二等奖	辽宁省锦州市水产技术推广站	一	赵希纯
14	大规格河蟹养殖技术研究与应用	辽宁省海洋与渔业科技贡献奖	辽宁省海洋与渔业厅	2016年	省部级	二等奖	辽宁省大洼区水产技术推广站	一	杨术杰
15	河蟹	上海市科技进步奖	上海市人民政府	2016年	省部级	一等奖	江西省水产技术推广站	5	戴银根
16	赣昌鲤鲫	江西省科技进步奖	江西省人民政府	2016年	省部级	三等奖	江西省水产技术推广站	1	欧阳敏
17	鲟鱼虹鳟鱼冷流水集约化精养技术推广	云南省农业技术推广奖	云南省农业厅	2016年	厅级	一等奖	云南省曲靖市水产站	1	卢玉发
18	保山市福瑞鲤引种示范与推广	保山市农业科学技术推广奖	保山市农业局	2016年	县级	二等奖	云南省保山市水产工作站	2	杨家强
19	腾冲市伊洛瓦底江土著鱼人工繁育	保山市农业科学技术推广奖	保山市农业局	2016年	县级	三等奖	云南省腾冲市水产工作站等	3	赵兴阳
20	罗非鱼高产健康养殖技术推广	云南省农业技术推广奖	云南省农业厅	2016年	厅级	二等奖	云南省普洱市渔业局	2	何德权
21	宁洱县罗非鱼标准化健康养殖技术推广	普洱市科学技术进步奖	普洱市人民政府	2016年	厅级	二等奖	云南省宁洱县水产技术推广站	2	周俊
22	黄壳鱼人工驯养繁殖技术研究与应用	临沧市科学技术奖	临沧市人民政府	2016年	市级	一等奖	云南省临沧市水产站、镇康县水产站	1	梁云安等
23	云南省大宗淡水鱼新品种引进、试验示范及推广应用	全国农牧渔业丰收奖成果奖	农业部	2016年	省部级	二等奖	云南省水产技术推广站	2	田树魁等

（续）

序号	获奖成果名称	奖项名称	颁发机构	获奖时间	奖项级别	获奖等次	获奖单位	获奖排名	完成人
24	泥东风螺规范化人工繁育和增殖放流关键技术研究与应用	福建省科学技术奖	福建省人民政府	2016年	省部级	三等奖	福建省水产技术推广总站	3	林国清
25	大宗淡水鱼繁育工艺创新及生态养殖模式示范推广	全国农牧渔业丰收奖成果奖	农业部	2016年	省部级	二等奖	福建省水产技术推广总站	—	游宇
26	大黄鱼良种培育与推广	宁德市科技进步奖	宁德市人民政府	2016年	市级	二等奖	福建省宁德市水产技术推广站	—	刘招坤
27	大黄鱼良种培育与推广	宁德市农业科技推广奖	宁德市农业科技推广评定工作领导小组	2016年	市级	一等奖	福建省宁德市水产技术推广站技术推广站	—	刘招坤
28	美洲黑石斑鱼人工繁育项目	福安市农业科技推广奖	福安市人民政府	2016年	县级	三等奖	福建省福安市水产技术推广站	1	刘瑞义
29	池塘蓄水养蛏高产技术推广	宁德市农业科技推广奖	宁德市农业科技推广评定工作领导小组	2016年	市级	三等奖	福建省蕉城区水产技术推广站	1	陈庆荣
30	罗非鱼优良品种培育、推广及产业化关键技术集成与创新	范蠡科学技术奖	中国水产学会	2016年	省部级	二等奖	福建省漳州市水产技术推广站	3	陈三木
31	波纹巴非蛤大规格苗种中间培育关键技术研究	漳州市科技进步奖	漳州市人民政府	2016年	市级	二等奖	福建省漳州市水产技术推广站	1	尤颖哲
32	泥鳅人工繁殖及苗种生态研究与应用	邵武市科技成果推广奖	邵武市人民政府	2016年	县级	三等奖	福建省邵武市水产技术推广站	1	兰祖荣
33	河北省水产养殖病害测报与防控技术应用	河北省农业技术推广奖	河北省人民政府	2016年	省部级	一等奖	河北省水产养殖病害防治监测总站	1	申红旗
34	刺参生态繁养及产业化开发技术示范推广	全国农牧渔业丰收奖成果奖	农业部	2016年	省部级	三等	大连市水产技术推广总站	2	刘彤

（续）

序号	获奖成果名称	奖项名称	颁发机构	获奖时间	奖项级别	获奖等次	获奖单位	获奖排名	完成人
35	水产养殖节能减排技术基层与示范推广项目	全国农牧渔业丰收奖成果奖	农业部	2016年	省部级	二等	大连市长海县水产技术推广站	8	姜成斌
36	虾稻生态种养产业化技术集成与示范	全国农牧渔业丰收奖成果奖	农业部	2016年	省部级	一等奖	湖北省水产技术推广总站	1	马达文等
37	精养池塘水质生态工程化修复技术研究与示范	湖北省科技进步奖	湖北省人民政府	2016年	省部级	二等奖	湖北省水产技术推广总站	2	易翀
38	鳖虾鱼稻生态种养技术集成与示范	湖北省科技进步奖	湖北省人民政府	2016年	省部级	三等奖	湖北省水产技术推广总站	1	马达文等
39	池塘养殖物联网智能监控系统集成与示范推广	全国农牧渔业丰收奖成果奖	农业部	2016年	省部级	一等奖	江苏省渔业技术推广中心	1	朱泽闻
40	2016年度全国农牧渔业丰收奖贡献奖	全国农牧渔业丰收奖贡献奖	农业部	2016年	省部级	一等奖	个人	1	陈辉
41	江苏省水产动物细菌性病原及药物防控技术研究与应用	中国水产科学研究院科技进步奖	中国水产科学研究院	2016年	市级	三等奖	江苏省水生动物疫病预防控制中心	1	陈辉
42	江苏省水产动物细菌性病原及药物防控技术研究与应用	江苏省海洋与渔业科技创新奖	江苏省海洋与渔业局	2016年	市级	一等奖	江苏省水生动物疫病预防控制中心	1	陈辉
43	长江长春鳊驯养、繁育技术集成攻关与示范	省海洋与渔业科技创新奖	江苏省海洋与渔业局	2016年	市级	三等奖	江苏省靖江市水产站	1	朱爱奇等
44	中国兴化河蟹价格指数的编制	第四届江苏省海洋与渔业科技创新奖	江苏省海洋与渔业局	2016年	市级	三等奖	江苏省泰州市水产站	7	张国喜
45	"长江1号"河蟹养殖技术示范与推广	第四届江苏省海洋与渔业科技创新奖	江苏省海洋与渔业局	2016年	市级	三等奖	江苏省兴化市渔业技术指导站	7	周日东

（续）

序号	获奖成果名称	奖项名称	颁发机构	获奖时间	奖项级别	获奖等次	获奖单位	获奖排名	完成人
46	基于物联网的河蟹生态高效养殖技术开发与推广应用	第四届江苏省海洋与渔业科技创新奖	江苏省海洋与渔业局	2016年	市级	二等奖	江苏省金坛区水产技术指导站	1	王桂民
47	团头鲂循环水健康高效养殖关键技术研究与集成示范	全国农牧渔业丰收奖成果奖	农业部	2016年	省部级	一等奖	江苏省宜兴市水产畜牧站	4	刘勃、蒋国春
48	合浦县渔业科技入户示范工程	合浦县渔业科技入户示范工程	广西壮族自治区人民政府	2016年	省部级	三等奖	广西壮族自治区水产技术推广总站	16	蒋兴艺
49	大宗淡水鱼良种引进繁育及养殖技术示范与推广	全国农牧渔业丰收奖成果奖	农业部	2016年	省部级	三等奖	广西壮族自治区三江县水产技术推广站	13	荣登培
50	大宗淡水鱼良种引进繁育及养殖技术示范与推广	全国农牧渔业丰收奖成果奖	农业部	2016年	省部级	三等奖	广西壮族自治区三江县水产技术推广站	20	莫洁琳
51	农业部主推技术稻田综合种养技术	全国农牧渔业丰收奖成果奖	农业部	2016年	省部级	三等奖	吉林省水产技术推广总站	3	刘丽晖
52	池塘水质综合调控及节能减排技术	山东省农牧渔业丰收奖成果奖	山东省农牧渔业丰收奖励委员会	2016年	省部级	一等奖	山东省渔业技术推广站	1	董济军等
53	池塘微生态制剂水质底质调控技术推广	山东省农牧渔业丰收奖	山东省农牧渔业丰收奖励委员会	2016年	省部级	三等奖	山东省渔业技术推广站	1	黄树庆等
54	黄渤海重点海域贝类养殖环境安全评价及其监控体系构建与应用	山东省科学技术奖	山东省人民政府	2016年	省部级	二等奖	山东省渔业技术推广站	3	李鲁晶等
55	利用黄河水配兑地热深井水设施化凡纳滨对虾养殖技术研究	滨州市科技进步奖	滨州市人民政府	2016年	市级	一等奖	山东省滨城区渔技站	—	王淑生

（续）

序号	获奖成果名称	奖项名称	颁发机构	获奖时间	奖项级别	获奖等次	获奖单位	获奖排名	完成人
56	研究篮子鱼清除刺参养殖池塘中大型丝藻的技术	威海市科学技术奖	威海市人民政府	2016年	市级	二等奖	山东省威海市文登区水产技术推广站	1	王世党
57	乳山海域海蜇增殖放流效果及持续发展研究	威海市科学技术奖	威海市科学技术局	2016年	市级	三等奖	山东省乳山市水产技术推广站	1	谭林涛
58	淡水池塘鱼菜生态高效种养技术研究与推广	曲阜市科学技术奖	曲阜市科学技术局	2016年	市级	二等奖	山东省曲阜市农业局水产办公室	1	韦敏
59	池塘养殖微孔增氧技术研究鱼推广	曲阜市科学技术奖	曲阜市科学技术局	2016年	市级	二等奖	山东省曲阜市农业局水产办公室	1	盛春霞
60	沂水县浯河马口鱼省级水产种质资源保护及修复项目	沂水县科技进步奖	沂水县科学技术局	2016年	县级	二等奖	山东省沂水县渔业局	1	张廷胜
61	引进耐高温刺参池塘中间培育技术研究	威海市文登区科学技术奖	威海市文登区人民政府	2016年	县级	三等奖	山东省威海市文登区水产技术推广站	2	王海涛
62	水产养殖精准用药方法推广应用	北京市农业技术推广奖	北京市人民政府	2016年	省部级	一等奖	北京市水产技术推广站	—	徐立蒲
63	生物（浮床）治理池塘富营养化技术试验示范与推广	北京市农业技术推广奖	北京市人民政府	2016年	省部级	二等奖	北京市水产技术推广站	—	马立鸣
64	泥鳅的繁殖、选育及养殖技术示范与推广	北京市农业技术推广奖	北京市人民政府	2016年	省部级	三等奖	北京市水产技术推广站	—	赵睿
65	重要水产病害快速诊断技术及产品的开发与应用	天津市科学技术进步奖	天津市科学技术委员会	2016年	省部级	二等奖	天津市水产技术推广站	2	徐晓丽
66	水产养殖节能减排技术集成与示范推广	全国农牧渔业丰收奖成果奖	农业部	2016年	省部级	二等奖	天津市水产技术推广站	4	邵蓬

（续）

序号	获奖成果名称	奖项名称	颁发机构	获奖时间	奖项级别	获奖等次	获奖单位	获奖排名	完成人
67	长江刀鲚全人工繁养和种质鉴定	上海市技术发明奖	上海市人民政府	2016年	省部级	一等奖	上海市水产研究所上海市水产技术推广站	1	张根玉
68	长江刀鲚全人工繁养和种质鉴定	上海市技术发明奖	上海市人民政府	2016年	省部级	一等奖	上海市嘉定区水产技术推广站	4	胡春晖
69	南美白对虾生态育苗及产业发展关键技术集成与示范	上海市农业技术推广奖	上海市农业委员会	2016年	市级	三等奖	上海市奉贤区水产技术推广站	1	顾德平
70	中华绒螯蟹成蟹养殖关键技术示范推广	上海市农业技术推广奖	上海市农业委员会	2016年	市级	三等奖	上海市松江区水产技术推广站	1	郎月林
71	中华绒螯蟹成蟹养殖关键技术示范推广	2014—2015年度松江区科技进步奖	上海市松江区人民政府	2016年	区级	二等奖	上海市松江区水产技术推广站	1	郎月林
72	池塘鱼菜共生综合种养技术推广	全国农牧渔业丰收奖成果奖	农业部	2016年	省部级	二等奖	重庆市水产技术推广总站	1	李虹
73	水产养殖节能减排技术集成与示范推广	全国农牧渔业丰收奖成果奖	农业部	2016年	省部级	二等奖	重庆市水产技术推广总站	3	翟旭亮
74	三峡环库循环生态农业带构建与产业化应用	全国农牧渔业丰收奖成果奖	农业部	2016年	省部级	二等奖	重庆市水产技术推广总站	5	梅会清
75	水产养殖节能减排技术集成与示范推广	全国农牧渔业丰收奖成果奖	农业部	2016年	省部级	二等奖	浙江省水产技术推广总站	7	无
76	基于环境容量的生态经济型港湾受损境修复技术研究与应用	宁波市科学技术奖	宁波市人民政府	2016年	市级	三等奖	宁波市海洋与渔业研究院	1	焦海峰等
77	三友梭子蟹"科甬1号"新品种选育与高效养殖技术	科技进步奖	教育部	2016年	省部级	二等奖	宁波市象山县水产技术推广站	5	刘长军

（续）

序号	获奖成果名称	奖项名称	颁发机构	获奖时间	奖项级别	获奖等次	获奖单位	获奖排名	完成人
78	三友梭子蟹"科甬1号"新品种选育与养殖新技术	宁波市科学技术奖	宁波市人民政府	2016年	市级	二等奖	宁波市象山县水产技术推广站	5	刘长军
79	基于可控化南美白对虾全大棚高效养殖技术研究与示范	宁波市科学技术奖	宁波市人民政府	2016年	市级	三等奖	宁波市象山县水产技术推广站	2	周志强
80	海水池塘小型化多功能养殖技术集成与示范	科技进步奖	象山县人民政府	2016年	县级	二等奖	宁波市象山县水产技术推广站	2	郑凯宏、周志强
81	蚕蛹在鲤鱼饲料中的应用技术	安康市科学技术奖	安康市人民政府	2016年	市级	一等奖	陕西省安康市渔业局	1	吉红
82	荔波县鲟鱼虹鳟健康养殖示范项目	黔南州农业丰收奖	黔南州农业委员会	2016年	县级	一等奖	贵州省荔波县水产技术推广站	1	何孝宽
83	都匀市冷水鱼养殖	黔南州农业丰收奖	黔南州农业委员会	2016年	县级	二等奖	贵州省都匀市水产站	2	马文理等
84	贵州山区稻渔综合种养技术集成与示范推广	贵州省农业丰收奖	贵州省农业委员会	2017年	省部级	二等奖	贵州省水产技术推广站	2	晏宏
85	宁夏优质特色鱼类产业化关键技术集成与示范	全国农牧渔业丰收奖成果奖	农业部	2016年	省部级	三等奖	宁夏区贺兰县畜牧水产技术推广服务中心	6	刘欣等
86	宁夏优质特色鱼类产业化关键技术集成与示范	全国农牧渔业丰收奖成果奖	农业部	2016年	省部级	三等奖	宁夏区灵武市水产技术推广服务中心	8	贾春艳等
87	生态龟鳖产业化关键技术研发与应用	安徽省科技进步奖	安徽省科学技术厅	2017年	省部级	二等奖	安徽省合肥市畜牧水产技术推广中心	4	魏泽能
88	大银鱼移植增殖技术	黑龙江省科学技术奖	黑龙江省人民政府	2017年	省部级	三等奖	黑龙江省水产技术推广总站	—	邹民
89	大银鱼移植增殖技术	黑龙江省农业科学技术奖	黑龙江省农业委员会	2017年	市级	一等奖	黑龙江省水产技术推广总站	—	邹民

（续）

序号	获奖成果名称	奖项名称	颁发机构	获奖时间	奖项级别	获奖等次	获奖单位	获奖排名	完成人
90	稻田综合种养技术示范推广	黑龙江省农业丰收奖	黑龙江省农业委员会	2017年	市级	一等奖	黑龙江省水产技术推广总站	—	孔令杰
91	名特优水产品生态养殖技术	黑龙江省农业丰收奖	黑龙江省农业委员会	2017年	市级	一等奖	黑龙江省水产技术推广总站	—	刘万学
92	水产养殖节能减排技术	黑龙江省农业丰收奖	黑龙江省农业委员会	2017年	市级	一等奖	黑龙江省水产技术推广总站	—	王昕阳
93	近江牡蛎类立克次氏体病及其防控关键技术与规模化应用	广西科学技术进步奖	广西壮族自治区人民政府	2017年	省部级	二等奖	广西壮族自治区水产技术推广总站	4	吴信忠
94	大宗淡水鱼良种引进及养殖关键技术集成创新规模与化推广应用	广西科学技术进步奖	广西壮族自治区人民政府	2017年	省部级	三等奖	广西壮族自治区水产技术推广总站	2	吕业坚
95	广西拟水龟人工繁育与养殖技术研究示范	贵港市科学技术进步奖	贵港市人民政府	2017年	市级	二等奖	广西区贵港市水产技术推广站	—	谢志扬
96	工厂化高密度生态健康养虾	城阳区科技进步奖	城阳区科学技术委员会	2017年	县级	三等奖	青岛康胜良种养殖有限公司	—	徐彩虹
97	温棚鳖不同生长阶段肌肉和裙边组织营养成分变化规律研究	庆阳市科技进步奖	庆阳市人民政府科学技术奖励委员会	2017年	市级	二等奖	甘肃省庆阳市水产工作站	14	赵小合
98	鲑鳟鱼类传染类造血器官坏死病的快速研究	中国水产科学研究院科技进步奖	中国水产科学研究院	2017年	省部级	三等奖	辽宁省水产技术推广总站	3	郑怀东
99	鲑鳟鱼类传染类造血器官坏死病的快速研究	科技贡献奖	辽宁省海洋与渔业厅	2017年	市级	一等奖	辽宁省水产技术推广总站	1	郑怀东
100	松江鲈人工繁育及养成技术研究	辽宁省海洋与渔业科技贡献奖	辽宁省海洋与渔业厅	2017年	市级	二等奖	辽宁省丹东市水产技术推广总站	1	孙述好

（续）

序号	获奖成果名称	奖项名称	颁发机构	获奖时间	奖项级别	获奖等次	获奖单位	获奖排名	完成人
101	牡蛎人工育苗与筏式养殖技术项目	丹东市人民政府乡镇农业科技成果推广奖	丹东市人民政府	2017年	市级	一等奖	辽宁省丹东市菩萨庙镇水产技术推广站	1	刘景斗等
102	赣昌鲤鲫杂种优势利用研究	江西省科学技术进步奖	江西省人民政府	2016	省部级	三等奖	江西省水产技术推广站等	—	陈道印
103	基于全程配合饲料和营养调控的高品质河蟹生态养殖技术研发与应用	上海市科技进步奖	上海市人民政府	17-Apr	省部级	一等奖	江西省水产技术推广站	—	成永旭等
104	蟹池多品种生态高效养殖技术集成与示范	江苏省农业技术推广奖	江苏省人民政府	2018年	省部级	一等奖	江苏省渔业技术推广中心等	1	张朝晖
105	虾稻生态种养产业化技术集成与示范	全国农牧渔业丰收奖成果奖	农业部	2017年	省部级	一等奖	江苏省扬州市水产技术推广站	17	王家军
106	养殖渔情精准监测与服务关键技术研发与应用	神农中华农业科技奖	农业部	2017年	省部级	二等奖	江苏省渔业技术推广中心	7	陈焕根
107	"长江1号"河蟹养殖技术示范与推广	江苏省农业技术推广奖	江苏省人民政府	2018年	省部级	二等奖	江苏省常州市金坛区水产站等	2	张金彪
108	江苏省主要水生动物疾病防控关键技术集成与示范	江苏省农业技术推广奖	江苏省人民政府	2018年	省部级	三等奖	江苏省水生动物疫病预防控制中心	1	陈辉
109	基于全程配合饲料和营养调控的高品质河蟹生态养殖技术研发与应用	上海市浦东新区科学技术奖	上海市浦东新区人民政府	2017年	市级	一等奖	江苏省渔业技术推广中心	1	陈焕根
110	泥鳅养殖技术示范与推广	江苏省海洋与渔业科技创新奖	江苏省海洋与渔业局	2017年	市级	二等奖	江苏省淮安市水产技术指导站	2	强晓刚
111	基于生物防控技术的南美白对虾健康养殖模式研究与应用	江苏省海洋与渔业科技创新奖	江苏省海洋与渔业局	2017年	市级	二等奖	江苏省南通市海洋与水产科学研究所	1	唐本兴

（续）

序号	获奖成果名称	奖项名称	颁发机构	获奖时间	奖项级别	获奖等次	获奖单位	获奖排名	完成人
112	黄颡鱼规模化繁育及高效养殖技术集成应用	江苏省海洋与渔业科技创新奖	江苏省海洋与渔业局	2017年	市级	二等奖	江苏省南京市水产科学研究所	1	唐忠林
113	基于龙芯和自主协议的物联网平台系统及应用产品	南京市科学技术进步奖	南京市人民政府	2017年	市级	二等奖	江苏省南京市水产科学研究所	4	周国勤
114	团头鲂绿色高效配合饲料研发与示范推广	无锡市科学技术进步奖	无锡市人民政府	2017年	市级	二等奖	江苏省宜兴市水产畜牧站	2	毛颖
115	肉制品绿色制造技术	江苏省轻工业科学技术进步奖	江苏省轻工业行业协会	2017年	市级	三等奖	江苏省南京市水产科学研究所	4	陈兵、薛洋
116	沙塘鳢规模化繁育及养殖技术示范与推广	南京市科学技术进步奖	南京市人民政府	2017年	市级	三等奖	江苏省南京市水产科学研究所	3	陈树桥
117	水产养殖投入品"三化五统一"管理模式	农业推广奖	南通市人民政府	2017年	市级	三等奖	江苏省如皋市水产技术指导站	3	陈忠高等
118	鱼稻共作示范与研究	江阴市科技进步奖	江阴市政府	2017年	县级	二等奖	江苏省江阴市水产指导站	1	张呈祥等
119	大黄鱼良种培育与推广	福建省科技进步奖	福建省人民政府	2017年	省部级	三等奖	福建省宁德市水产技术推广站	2	刘招坤
120	水产养殖精准测控关键技术研发与示范推广	农业技术推广成果奖	农业部	2016年	省部级	一等奖	福建省福鼎市水产技术推广站	22	王朝新
121	10ZCJ-390型紫菜收割机	宁德市科技进步奖	宁德市科学技术局	2017年	市级	三等奖	福建省福鼎市水产技术推广站	2	王朝新
122	基于精准快选的龙须菜良种培育与产业化推广	教育部科技进步奖	教育部	2017年	省部级	二等奖	福建省莆田市水产技术推广站	3	黄建辉
123	东南沿海浅海五种特色经济底栖动物资源恢复技术集成与示范	福建省科学技术进步奖	福建省人民政府	2017年	省部级	二等奖	福建省水产技术推广总站	—	林国清

（续）

序号	获奖成果名称	奖项名称	颁发机构	获奖时间	奖项级别	获奖等次	获奖单位	获奖排名	完成人
124	银鲳全人工繁育及养殖关键技术及应用	上海市技术发明奖	上海市人民政府	2016年	省部级	二等奖	上海市水产研究所（上海市水产技术推广站）	3	施兆鸿
125	陕西省盐碱滩涂生态渔业综合开发利用技术研究示范与推广	农业技术推广成果奖	农业部	2017年	省部级	一等奖	陕西省华阴市水产工作站	—	骆玉铃
126	滨州20万亩南美白对虾高效生态养殖技术示范与推广	山东省海洋与渔业科技推广奖	山东水产学会	2017年	市级	二等奖	山东省滨州市渔业技术推广站	2	王玉清
127	黄河三角洲南美白对虾高位水池养殖技术研究与示范	山东省海洋与渔业科技推广奖	山东水产学会	2017年	市级	二等奖	山东省滨州市渔业技术推广站	2	王玉清
128	除藻剂对养殖产业安全性影响评价及应用	山东省海洋与渔业科学技术奖	山东水产学会	2017年	市级	三等奖	山东省烟台市水产研究所	1	孙灵毅
129	鱼类增殖放流对河道水体影响研究	枣庄市科学技术进步奖	枣庄市科学技术进步奖评审委员会	2017年	市级	三等奖	山东省枣庄市水产技术推广站	3	王玉先
130	引进"黄选一号"梭子蟹池塘生态养殖技术研究与应用	山东省海洋与渔业科学技术奖	山东水产学会	2017年	市级	三等奖	山东省威海市文登区水产技术推广站	1	王世党
131	乳山海域单体三倍体牡蛎大规模养殖技术推广	山东省海洋与渔业科学技术奖	山东水产学会	2017年	市级	二等奖	山东省乳山市水产技术推广站	1	于成松
132	贝藻参浅海生态养殖技术	山东省农牧渔业丰收奖	山东省农牧渔丰收奖奖励委员会	2017年	省部级	二等奖	山东省乳山市水产技术推广站	3	谭林涛
133	池塘水质综合调控及高效养殖技术集成示范推广	山东省海洋与渔业科学技术奖	山东水产学会	2017年	市级	一等奖	山东省渔业技术推广站	1	李鲁晶等
134	池塘水质综合调控及节能减排技术	山东省海洋与渔业科学技术奖	山东水产学会	2017年	市级	三等奖	山东省渔业技术推广站	1	董济军等

（续）

序号	获奖成果名称	奖项名称	颁发机构	获奖时间	奖项级别	获奖等次	获奖单位	获奖排名	完成人
135	淡水虾、蟹、鱼池塘生态混养技术推广	山东省海洋与渔业科学技术奖	山东水产学会	2017年	市级	二等奖	山东省济宁市水产技术推广站	1	郑伟力等
136	利津县10万亩多品种池塘健康养殖技术推广	山东省海洋与渔业科学技术奖	山东水产学会	2017年	市级	三等奖	山东省利津县渔业技术推广站	1	匡柏林等
137	鲁南海水池塘微孔增氧高效生态养殖技术推广	山东省海洋与渔业科学技术奖	山东水产学会	2017年	市级	三等奖	山东省日照市东港区渔业技术推广站	1	孔祥青等
138	克氏原螯虾产业技术研究与试验示范	山东省海洋与渔业科学技术奖	山东水产学会	2017年	市级	一等奖	山东省济宁市水产技术推广站	2	朱永安等
139	黄河三角洲刺参苗种培训关键技术研究与示范	山东省海洋与渔业科学技术奖	山东水产学会	2017年	市级	三等奖	山东省东营市河口区渔业技术推广站	2	王树海等
140	精养池塘微流水网箱养殖技术	西青区科技进步奖	西青区人民政府	2017年	局级	二等奖	天津市西青区水产技术推广站	2	樊振中
141	设施化池塘养殖高效改良技术	西青区科技进步奖	西青区人民政府	2017年	局级	一等奖	天津市西青区水产技术推广站	1	樊振中
142	大宗淡水与新品种繁育及高效生态养殖技术研究与示范	全国农牧渔业丰收奖	农业部	2017年	省部级	二等奖	天津市西青区水产技术推广站	4	樊振中
143	国家一级保护动物扁吻鱼全人工繁殖技术研究	新疆维吾尔自治区科学技术进步奖	新疆维吾尔自治区人民政府	2017年	省部级	二等奖	新疆维吾尔自治区水产科学研究所	—	郭焱
144	百亩稻鳖连片养区中华鳖安全高效养成关键技术集成与综合示范	2016年度宁波市农业实用技术推广奖	宁波市人民政府	2017年	市级	二等奖	宁波市余姚市水产技术推广中心	2	申屠琰
145	稻渔种养增收工程	吉林省农业技术推广奖	吉林省人民政府	2017年	省部级	一等奖	吉林省水产技术推广总站	—	孙占胜
146	池塘标准化健康养殖技术	吉林省农业技术推广奖	吉林省人民政府	2017年	省部级	一等奖	吉林省水产技术推广总站	—	楚国生

（续）

序号	获奖成果名称	奖项名称	颁发机构	获奖时间	奖项级别	获奖等次	获奖单位	获奖排名	完成人
147	鸭绿江茴鱼人工繁育技术	吉林省农业技术推广奖	吉林省人民政府	2017 年	省部级	二等奖	吉林省白山市水产站	—	刘长海
148	南美白对虾池塘养殖试验示范	吉林省农业技术推广奖	吉林省人民政府	2017 年	省部级	二等奖	吉林省长春市水产站	—	郭万卿
149	抗病毒草鱼池塘养殖技术	吉林省农业技术推广奖	吉林省人民政府	2017 年	省部级	二等奖	吉林省水产技术推广总站	—	黄福
150	松浦镜鲤池塘养殖技术	吉林省农业技术推广奖	吉林省人民政府	2017 年	省部级	二等奖	吉林省吉林市推广站	—	付强
151	微生物益生菌在池塘、大水面中应用技术的示范与推广	吉林省农业技术推广奖	吉林省人民政府	2017 年	省部级	二等奖	吉林省白城市水产站	—	孙闯
152	滩涂河蟹生态养殖技术示范	吉林省农业技术推广奖	吉林省人民政府	2017 年	省部级	二等奖	吉林省梨树县水产站	—	吴再平
153	池塘微孔纳米增氧技术示范	吉林省农业技术推广奖	吉林省人民政府	2017 年	省部级	三等奖	吉林省松原市水产站	—	马维东
154	农业部主推技术——豫选黄河鲤池塘养殖技术	吉林省农业技术推广奖	吉林省人民政府	2017 年	省部级	三等奖	吉林省水产技术推广总站	—	刘丽晖
155	洛氏鲅池塘健康养殖技术示范	吉林省农业技术推广奖	吉林省人民政府	2017 年	省部级	三等奖	吉林省吉林市推广站	—	付强
156	大鳞副鳅池塘养殖技术示范	吉林省农业技术推广奖	吉林省人民政府	2017 年	省部级	三等奖	吉林省长春市水产站	—	郭万卿
157	花羔红点鲑人工繁育技术	吉林省农业技术推广奖	吉林省人民政府	2017 年	省部级	三等奖	吉林省白山市水产站	—	刘长海
158	盐碱性湖泊生态养殖技术	吉林省农业技术推广奖	吉林省人民政府	2017 年	省部级	三等奖	吉林省水产技术推广总站	—	李兆君
159	池塘综合养种技术示范	吉林省农业技术推广奖	吉林省人民政府	2017 年	省部级	三等奖	吉林省水产技术推广总站	—	李壮
160	池塘养殖观赏鱼技术示范	吉林省农业技术推广奖	吉林省人民政府	2017 年	省部级	三等奖	吉林省吉林市推广站	—	付强
161	泥鳅池塘成鱼养殖技术示范	吉林省农业技术推广奖	吉林省人民政府	2017 年	省部级	三等奖	吉林省镇赉水产技术推广站	—	王玉辉
162	稻田扣蟹养殖技术示范	吉林省农业技术推广奖	吉林省人民政府	2017 年	省部级	三等奖	吉林省镇赉水产技术推广站	—	王玉辉

（续）

序号	获奖成果名称	奖项名称	颁发机构	获奖时间	奖项级别	获奖等次	获奖单位	获奖排名	完成人
163	泥鳅苗种繁育试验示范	吉林省农业技术推广奖	吉林省人民政府	2017年	省部级	三等奖	吉林省镇赉水产技术推广站	一	王玉辉
164	匙吻鲟成鱼池塘养殖技术示范	吉林省农业技术推广奖	吉林省人民政府	2017年	省部级	三等奖	吉林省镇赉水产技术推广站	一	王玉辉
165	玉溪市土著鱼关键技术集成与推广应用	玉溪市农业技术推广奖	玉溪市农业局	2017年	县级	二等奖	云南省玉溪市水产工作站等	1	夏黎亮等
166	抚仙湖杞麓鲤人工驯养繁殖技术	云南省科技进步奖	云南省人民政府	2017年	省部级	三等奖	云南省玉溪市江川区水产技术推广站等	1	张四春等
167	保山市福瑞鲤引种示范与推广	云南省农业技术推广奖	云南省农业厅	2017年	市厅级	三等奖	云南省保山市水产工作站等5个单位	1	赵琼英等15人
168	三峡库循环生态农业带构建与产业化应用	重庆市科学技术奖	重庆市人民政府	2017年	省部级	一等奖	重庆市水产技术推广总站	5	梅会清
169	嘉陵江名优鱼健康养殖新技术集成示范	北碚区科学技术进步奖	北碚区人民政府	2017年	县级	二等奖	北碚区水产站	3	罗平元
170	巫山县大鲵仿生态繁殖	巫山县科技进步奖	巫山县人民政府	2017年	县级	二等奖	巫山县水产管理站	1	黎春、王春生
171	德黄鲤推广与应用	内蒙古自治区农牧业丰收奖	内蒙古自治区农牧业丰收奖评审委员会	2017年	省部级	二等奖	内蒙古自治区水产技术推广站	1	冯伟业

中央与地方有关文件和法规

中华人民共和国农业技术推广法

(1993 年 7 月 2 日第八届全国人民代表大会常务委员会第二次会议通过 根据 2012 年 8 月 31 日第十一届全国人民代表大会常务委员会第二十八次会议《关于修改〈中华人民共和国农业技术推广法〉的决定》修正)

第一章 总 则

第一条 为了加强农业技术推广工作，促使农业科研成果和实用技术尽快应用于农业生产，增强科技支撑保障能力，促进农业和农村经济可持续发展，实现农业现代化，制定本法。

第二条 本法所称农业技术，是指应用于种植业、林业、畜牧业、渔业的科研成果和实用技术，包括：

（一）良种繁育、栽培、肥料施用和养殖技术；

（二）植物病虫害、动物疫病和其他有害生物防治技术；

（三）农产品收获、加工、包装、贮藏、运输技术；

（四）农业投入品安全使用、农产品质量安全技术；

（五）农田水利、农村供排水、土壤改良与水土保持技术；

（六）农业机械化、农用航空、农业气象和农业信息技术；

（七）农业防灾减灾、农业资源与农业生态安全和农村能源开发利用技术；

（八）其他农业技术。

本法所称农业技术推广，是指通过试验、示范、培训、指导以及咨询服务等，把农业技术普及应用于农业产前、产中、产后全过程的活动。

第三条 国家扶持农业技术推广事业，加快农业技术的普及应用，发展高产、优质、高效、生态、安全农业。

第四条 农业技术推广应当遵循下列原则：

（一）有利于农业、农村经济可持续发展和增加农民收入；

（二）尊重农业劳动者和农业生产经营组织的意愿；

（三）因地制宜，经过试验、示范；

（四）公益性推广与经营性推广分类管理；

（五）兼顾经济效益、社会效益，注重生态效益。

第五条 国家鼓励和支持科技人员开发、推广应用先进的农业技术，鼓励和支持农业劳动者和农业生产经营组织应用先进的农业技术。

国家鼓励运用现代信息技术等先进传播手段，普及农业科学技术知识，创新农业技术推广方式方法，提高推广效率。

第六条 国家鼓励和支持引进国外先进的农业技术，促进农业技术推广的国际合作与交流。

第七条 各级人民政府应当加强对农业技术推广工作的领导，组织有关部门和单位采取措施，提高农业技术推广服务水平，促进农业技术推广事业的发展。

第八条 对在农业技术推广工作中做出贡献的单位和个人，给予奖励。

第九条 国务院农业、林业、水利等部门（以下统称农业技术推广部门）按照各自的职责，负责全国范围内有关的农业技术推广工作。县级以上地方各级人民政府农业技术推广部门在同级人民政府的领导下，按照各自的职责，负责本行政区域内有关的农业技术推广工作。同级人民政府科学技术部门对农业技术推广工作进行指导。同级人民政府其他有关部门按照各自的职责，负责农业技术推广的有关工作。

第二章　农业技术推广体系

第十条 农业技术推广，实行国家农业技术推广机构与农业科研单位、有关学校、农民专业合作社、涉农企业、群众性科技组织、农民技术人员等相结合的推广体系。

国家鼓励和支持供销合作社、其他企业事业单位、社会团体以及社会各界的科技人员，开展农业技术推广服务。

第十一条 各级国家农业技术推广机构属于公共服务机构，履行下列公益性职责：

（一）各级人民政府确定的关键农业技术的引进、试验、示范；

（二）植物病虫害、动物疫病及农业灾害的监测、预报和预防；

（三）农产品生产过程中的检验、检测、监测咨询技术服务；

（四）农业资源、森林资源、农业生态安全和农业投入品使用的监测服务；

（五）水资源管理、防汛抗旱和农田水利建设技术服务；

（六）农业公共信息和农业技术宣传教育、培训服务；

（七）法律、法规规定的其他职责。

第十二条 根据科学合理、集中力量的原则以及县域农业特色、森林资源、水系和水利设施分布等情况，因地制宜设置县、乡镇或者区域国家农业技术推广机构。

乡镇国家农业技术推广机构，可以实行县级人民政府农业技术推广部门管理为主或者乡镇人民政府管理为主、县级人民政府农业技术推广部门业务指导的体制，具体由省、自治区、直辖市人民政府确定。

第十三条 国家农业技术推广机构的人员编制应当根据所服务区域的种养规模、服务范围和工作任务等合理确定，保证公益性职责的履行。

国家农业技术推广机构的岗位设置应当以专业技术岗位为主。乡镇国家农业技术推广机构的岗位应当全部为专业技术岗位，县级国家农业技术推广机构的专业技术岗位不得低于机构岗位总量的百分之八十，其他国家农业技术推广机构的专业技术岗位不得低于机构岗位总量的百分之七十。

第十四条 国家农业技术推广机构的专业技术人员应当具有相应的专业技术水平，符合岗位职责要求。

国家农业技术推广机构聘用的新进专业技术人员，应当具有大专以上有关专业学历，并通过县级以上人民政府有关部门组织的专业技术水平考核。自治县、民族乡和国家确定的连片特困地区，经省、自治区、直辖市人民政府有关部门批准，可以聘用具有中专有关专业学历的人员或者其他具有相应专业技术水平的人员。

国家鼓励和支持高等学校毕业生和科技人员到基层从事农业技术推广工作。各级人民政府应当采取措施，吸引人才，充实和加强基层农业技术推广队伍。

第十五条 国家鼓励和支持村农业技术服务站点和农民技术人员开展农业技术推广。对农民技术人员协助开展公益性农业技术推广活动，按照规定给予补助。

农民技术人员经考核符合条件的，可以按照有关规定授予相应的技术职称，并发给证书。

国家农业技术推广机构应当加强对村农业技术服务站点和农民技术人员的指导。

村民委员会和村集体经济组织，应当推动、帮助村农业技术服务站点和农民技术人员开展工作。

第十六条 农业科研单位和有关学校应当适应农村经济建设发展的需要，开展农业技术开发和推广工作，加快先进技术在农业生产中的普及应用。

农业科研单位和有关学校应当将其科技人员从事农业技术推广工作的实绩作为工作考核和职称评定的重要内容。

第十七条 国家鼓励农场、林场、牧场、渔场、水利工程管理单位面向社会开展农业技术推广服务。

第十八条 国家鼓励和支持发展农村专业技术协会等群众性科技组织，发挥其在农业技术推广中的作用。

第三章　农业技术的推广与应用

第十九条 重大农业技术的推广应当列入国家和地方相关发展规划、计划，由农业技术推广部门会同科学技术等相关部门按照各自的职责，相互配合，组织实施。

第二十条 农业科研单位和有关学校应当把农业生产中需要解决的技术问题列为研究课题，其科研成果可以通过有关农业技术推广单位进行推广或者直接向农业劳动者和农业生产经营组织推广。

国家引导农业科研单位和有关学校开展公益性农业技术推广服务。

第二十一条 向农业劳动者和农业生产经营组织推广的农业技术，必须在推广地区经过试验证明具有先进性、适用性和安全性。

第二十二条 国家鼓励和支持农业劳动者和农业生产经营组织参与农业技术推广。

农业劳动者和农业生产经营组织在生产中应用先进的农业技术，有关部门和单位应当在技术培训、资金、物资和销售等方面给予扶持。

农业劳动者和农业生产经营组织根据自愿的原则应用农业技术，任何单位或者个人不得强迫。

推广农业技术，应当选择有条件的农户、区域或者工程项目，进行应用示范。

第二十三条 县、乡镇国家农业技术推广机构应当组织农业劳动者学习农业科学技术知识，提高其应用农业技术的能力。

教育、人力资源和社会保障、农业、林业、水利、科学技术等部门应当支持农业科研单位、有关学校开展有关农业技术推广的职业技术教育和技术培训，提高农业技术推广人员和农业劳动者的技术素质。

国家鼓励社会力量开展农业技术培训。

第二十四条 各级国家农业技术推广机构应当认真履行本法第十一条规定的公益性职责，向农业劳动者和农业生产经营组织推广农业技术，实行无偿服务。

国家农业技术推广机构以外的单位及科技人员以技术转让、技术服务、技术承包、技术咨询和技术入股等形式提供农业技术的，可以实行有偿服务，其合法收入和植物新品种、农业技术专利等知识产权受法律保护。进行农业技术转让、技术服务、技术承包、技术咨询和技术入股，当事人各方应当订立合同，约定各自的权利和义务。

第二十五条 国家鼓励和支持农民专业合作社、涉农企业，采取多种形式，为农民应用先进农业技术提供有关的技术服务。

第二十六条 国家鼓励和支持以大宗农产品和优势特色农产品生产为重点的农业示范区建设，发挥示范区对农业技术推广的引领作用，促进农业产业化发展和现代农业建设。

第二十七条 各级人民政府可以采取购买服务等方式，引导社会力量参与公益性农业技术推广服务。

第四章　农业技术推广的保障措施

第二十八条 国家逐步提高对农业技术推广的投入。各级人民政府在财政预算内应当保障用于农业技术推广的资金，并按规定使该资金逐年增长。

各级人民政府通过财政拨款以及从农业发展基金中提取一定比例的资金的渠道，筹集农业技术推广专项资金，用于实施农业技术推广项目。中央财政对重大农业技术推广给予补助。

县、乡镇国家农业技术推广机构的工作经费根据当地服务规模和绩效确定，由各级财政共同承担。

任何单位或者个人不得截留或者挪用用于农业技术推广的资金。

第二十九条 各级人民政府应当采取措施，保障和改善县、乡镇国家农业技术推广机构的专业技术人员的工作条件、生活条件和待遇，并按照国家规定给予补贴，保持国家农业技术推广队伍的稳定。

对在县、乡镇、村从事农业技术推广工作的专业技术人员的职称评定，应当以考核其推广工作的业务技术水平和实绩为主。

第三十条 各级人民政府应当采取措施，保障国家农业技术推广机构获得必需的试验示范场所、办公场所、推广和培训设施设备等工作条件。

地方各级人民政府应当保障国家农业技术推广机构的试验示范场所、生产资料和其他财产不受侵害。

第三十一条 农业技术推广部门和县级以上国家农业技术推广机构，应当有计划地对农业技术推广人员进行技术培训，组织专业进修，使其不断更新知识、提高业务水平。

第三十二条 县级以上农业技术推广部门、乡镇人民政府应当对其管理的国家农业技术推广机构履行公益性职责的情况进行监督、考评。

各级农业技术推广部门和国家农业技术推广机构，应当建立国家农业技术推广机构的专业技术人员工作责任制度和考评制度。

县级人民政府农业技术推广部门管理为主的乡镇国家农业技术推广机构的人员，其业务考核、岗位聘用以及晋升，应当充分听取所服务区域的乡镇人民政府和服务对象的意见。

乡镇人民政府管理为主、县级人民政府农业技术推广部门业务指导的乡镇国家农业技术推广机构的人员，其业务考核、岗位聘用以及晋升，应当充分听取所在地的县级人民政府农业技术推广部门和服务对象的意见。

第三十三条　从事农业技术推广服务的，可以享受国家规定的税收、信贷等方面的优惠。

第五章　法律责任

第三十四条　各级人民政府有关部门及其工作人员未依照本法规定履行职责的，对直接负责的主管人员和其他直接责任人员依法给予处分。

第三十五条　国家农业技术推广机构及其工作人员未依照本法规定履行职责的，由主管机关责令限期改正，通报批评；对直接负责的主管人员和其他直接责任人员依法给予处分。

第三十六条　违反本法规定，向农业劳动者、农业生产经营组织推广未经试验证明具有先进性、适用性或者安全性的农业技术，造成损失的，应当承担赔偿责任。

第三十七条　违反本法规定，强迫农业劳动者、农业生产经营组织应用农业技术，造成损失的，依法承担赔偿责任。

第三十八条　违反本法规定，截留或者挪用用于农业技术推广的资金的，对直接负责的主管人员和其他直接责任人员依法给予处分；构成犯罪的，依法追究刑事责任。

第六章　附　　则

第三十九条　本法自公布之日起施行。

国务院关于深化改革加强基层农业技术
推广体系建设的意见

国发〔2006〕30号

各省、自治区、直辖市人民政府，国务院各部委、各直属机构：

基层农业技术推广体系是设立在县乡两级为农民提供种植业、畜牧业、渔业、林业、农业机械、水利等科研成果和实用技术服务的组织，是实施科教兴农战略的重要载体。长期以来，基层农业技术推广体系在推广先进适用农业新技术和新品种、防治动植物病虫害、搞好农田水利建设、提高农民素质等方面发挥了重要作用。面对新形势、新任务，基层农业技术推广体系体制不顺、机制不活、队伍不稳、保障不足等问题亟须解决。根据《中共中央国务院关于进一步加强农村工作提高农业综合生产能力若干政策的意见》（中发〔2005〕1号）和《中共中央国务院关于推进社会主义新农村建设的若干意见》（中发〔2006〕1号）精神，现就深化改革，加强基层农业技术推广体系建设提出以下意见：

一、改革基层农业技术推广体系的指导思想、基本原则和总体目标

（一）**指导思想。**以邓小平理论和"三个代表"重要思想为指导，贯彻落实党的十六大和十六届四中、五中全会精神，围绕实施科教兴农战略和提高农业综合生产能力，在深化改革中增活力，在创新机制中求发展。按照强化公益性职能、放活经营性服务的要求，加大基层农业技术推广体系改革力度，合理布局国家基层农业技术推广机构，有效发挥其主导和带动作用。充分调动社会力量参与农业技术推广活动，为农业农村经济全面发展提供有效服务和技术支撑。

（二）**基本原则。**坚持精干高效，科学设置机构，优化队伍结构，合理配置农业技术推广资源；坚持政府主导，支持多元化发展，有效履行政府公益性职能，充分发挥各方面积极性；坚持从实际出发，因地制宜，鼓励地方进行探索和实践；坚持统筹兼顾，与县乡机构改革相衔接，处理好改革和稳定的关系。

（三）**总体目标。**着眼于新阶段农业农村经济发展的需要，通过明确职能、理顺体制、优化布局、精简人员、充实一线、创新机制等一系列改革，逐步构建起以国家农业技术推广机构为主导，农村合作经济组织为基础，农业科研、教育等单位和涉农企业广泛参与、分工协作、服务到位、充满活力的多元化基层农业技术推广体系。

二、推进基层农业技术推广机构改革

（四）**明确公益性职能。**基层农业技术推广机构承担的公益性职能主要是：关键技术的引进、试验、示范，农作物和林木病虫害、动物疫病及农业灾害的监测、预报、防治和处置，农产品生产过程中的质量安全检测、监测和强制性检验，农业资源、森林资源、农

业生态环境和农业投入品使用监测，水资源管理和防汛抗旱技术服务，农业公共信息和培训教育服务等。

（五）**合理设置机构。**按照科学合理、集中力量的原则，对县级农业技术推广机构实行综合设置。各地可以根据县域农业特色、森林资源、水系、水利设施分布和政府财力情况，因地制宜设置公益性农业技术推广机构。可以选择在乡镇范围内进行整合的基础上综合设置、由县级向乡镇派出或跨乡镇设置区域站等设置方式，也可以由县级农业技术推广机构向乡镇派出农业技术人员。畜牧兽医机构按照兽医管理体制改革的要求，合理设置。农村经营管理系统不再列入基层农业技术推广体系，农村土地承包管理、农民负担监督管理、农村集体资产财务管理等行政管理职能列入政府职责，确保履行好职能。

（六）**理顺管理体制。**根据农业技术推广工作特点，建立健全有利于充分发挥基层农业技术推广体系作用的管理体制。县级以上各级农业、林业、水利行政主管部门要按照各自职责加强对基层农业技术推广体系的管理和指导。县级派出到乡镇或按区域设置机构的人员和业务经费由县级主管部门统一管理；其人员的调配、考评和晋升，要充分听取所服务区域乡镇政府的意见。以乡镇政府管理为主的公益性推广机构，其人员的调配、考评和晋升，要充分听取县级业务主管部门的意见；上级业务主管部门要加强指导和服务。

（七）**科学核定编制。**根据职能和任务，合理确定基层公益性农业技术推广机构的人员编制，保证公益性职能的履行。县乡农业技术推广机构所需编制由各县结合实际确定，按程序审批。应确保在一线工作的农业技术人员不低于全县农业技术人员总编制的 2/3，专业农业技术人员占总编制的比例不低于 80%，并注意保持各种专业人员之间的合理比例。公益性农业技术推广机构人员编制不得与经营性服务人员混岗混编。

（八）**创新人事管理制度。**改革用人机制，实行人员聘用制度，实现由固定用人向合同用人、由身份管理向岗位管理转变；坚持公开、公平、公正的原则，采取公开招聘、竞聘上岗、择优聘用的方式，选拔有真才实学的专业技术人员进入推广队伍，人员的进、管、出要严格按照规定程序和人事管理权限办理。完善考评制度，将农业技术人员的工作量和进村入户推广技术的实绩作为主要考核指标，将农民群众对农业技术人员的评价作为重要考核内容。改革分配制度，将农业技术人员的收入与岗位职责、工作业绩挂钩，落实对县以下农业技术人员的工资待遇倾斜政策。切实搞好农业技术人员的培训和继续教育，完善农业技术人员技术职务评聘制度，不断提高农业技术推广队伍的整体素质。

三、促进农业技术社会化服务组织发展

（九）**放活经营性服务。**积极稳妥地将国家基层农业技术推广机构中承担的农资供应、动物疾病诊疗以及产后加工、营销等服务分离出来，按市场化方式运作。鼓励其他经济实体依法进入农业技术服务行业和领域，采取独资、合资、合作、项目融资等方式，参与基层经营性推广服务实体的基础设施投资、建设和运营。积极探索公益性农业技术服务的多种实现形式，对各类经营性农业技术推广服务实体参与公益性推广，可以采取政府订购服务的方式。

（十）**培育多元化服务组织。**积极支持农业科研单位、教育机构、涉农企业、农业产业化经营组织、农民合作经济组织、农民用水合作组织、中介组织等参与农业技术推广服

务。推广形式要多样化，积极探索科技大集、科技示范场、技物结合的连锁经营、多种形式的技术承包等推广形式。推广内容要全程化，既要搞好产前信息服务、技术培训、农资供应，又要搞好产中技术指导和产后加工、营销服务，通过服务领域的延伸，推进农业区域化布局、专业化生产和产业化经营。要规范推广行为，制定和完善农业技术推广的法律法规，加强公益性农业技术推广的管理，规范各类经营性服务组织的行为，建立农业技术推广服务的信用制度，完善信用自律机制。

四、加大对基层农业技术推广体系的支持力度

（十一）保证供给履行公益性职能所需资金。要采取有效措施，切实保证对基层公益性农业技术推广机构的财政投入。地方各级财政对公益性推广机构履行职能所需经费要给予保证，并纳入财政预算。其中，对乡镇林业工作站承担的森林资源管护、林政执法等公益性职能所需经费也要纳入地方财政预算。中央财政对重大农业技术项目推广和经济欠发达地区的推广工作给予适当补助。各地要统筹规划，在整合现有资产设施的基础上，按照填平补齐的原则，加强基础设施建设，改善基层农业技术推广条件。

（十二）完善改革的配套措施。要用改革的思路和办法，解决建立新型基层农业技术推广体系中遇到的问题。对重大农业科技成果转化等项目可实行招投标制，鼓励各类农业技术推广组织、人员和有关企业公平参与投标。鼓励农业技术人员自主创业。对他们创建经营性技术服务实体，可以优惠使用原乡镇推广机构闲置的经营场地，并享受现行政策规定的有关税收优惠。

（十三）妥善分流和安置富余人员。对基层农业技术推广体系改革中分流的农业技术人员，要积极稳妥地做好分流和安置工作。在鼓励和支持富余人员自主创业的同时，要积极探索多种分流和安置渠道，帮助他们重新就业。凡与原农业技术推广机构建立聘用合同、劳动合同关系的，要依法做好合同的变更、解除、终止等工作，符合条件的要依照国家有关规定支付经济补偿金，并纳入当地社会保障体系，及时办理社会保险关系转移等手续，做好各项社会保险的衔接工作。

五、切实加强对基层农业技术推广体系改革工作的领导

（十四）切实加强领导，搞好协调配合。基层农业技术推广体系改革事关农业农村经济发展全局，涉及面广，政策性强。地方各级人民政府要高度重视，把这项工作纳入重要议事日程，政府主要领导要亲自抓，及时研究解决改革中的重大问题。各有关部门要统一思想，明确分工，做好机构编制、人员安置、财政保障、基建投入、科技项目支持等工作。

（十五）认真制订方案，精心组织实施。国务院有关部门要加强对改革的指导，具体由农业部会同水利、林业、编制、人事、发展改革、财政、税务、科技、劳动保障等部门负责。各级财政要对改革提供必要的经费支持。各省、自治区、直辖市人民政府要在深入调查研究的基础上，制订推进基层农业技术推广体系改革工作方案，指导县（市）制订改革实施方案。各县（市）的实施方案要报省级人民政府审批，省级工作方案报国务院备案。各地要在 2006 年底前完成方案的制订和准备工作，2007 年初开始组织实施。各地区

和有关部门要加强对改革重点环节的组织指导，做好动员部署、竞聘上岗、分流人员、检查验收、巩固提高等工作。基层农业技术推广体系改革应在2007年底前基本完成。

（十六）坚持以人为本，确保改革顺利进行。地方各级人民政府要引导广大农业技术人员充分认识改革的重要性和必要性，进一步发扬心系农民、献身农业、服务农村的优良传统，主动投身改革，找准新的定位，争取更大作为。要切实做好深入细致的思想政治工作，把握好改革的力度和进度，协调好各方面利益，调动好各方面积极性，确保改革顺利进行。

国务院

二〇〇六年八月二十八日

中共中央　国务院关于加快推进农业科技创新
持续增强农产品供给保障能力的若干意见

2011 年，各地区各部门认真贯彻中央决策部署，同心协力，扎实工作，克服多种困难挑战，农业农村保持了强劲发展势头。粮食生产稳定跃上新台阶，农民增收成效喜人，水利建设明显加速，农村民生持续改善，农村社会安定祥和。农业农村形势好，有力支撑了经济平稳较快发展，有效维护了改革发展稳定大局。

做好 2012 年农业农村工作，稳定发展农业生产，确保农产品有效供给，对推动全局工作、赢得战略主动至关重要。当前，国际经济形势复杂严峻，全球气候变化影响加深，我国耕地和淡水资源短缺压力加大，农业发展面临的风险和不确定性明显上升，巩固和发展农业农村好形势的任务更加艰巨。全党要始终保持清醒认识，绝不能因为连续多年增产增收而思想麻痹，绝不能因为农村面貌有所改善而投入减弱，绝不能因为农村发展持续向好而工作松懈，必须再接再厉、迎难而上、开拓进取，努力在高起点上实现新突破、再创新佳绩。

实现农业持续稳定发展、长期确保农产品有效供给，根本出路在科技。农业科技是确保国家粮食安全的基础支撑，是突破资源环境约束的必然选择，是加快现代农业建设的决定力量，具有显著的公共性、基础性、社会性。必须紧紧抓住世界科技革命方兴未艾的历史机遇，坚持科教兴农战略，把农业科技摆上更加突出的位置，下决心突破体制机制障碍，大幅度增加农业科技投入，推动农业科技跨越发展，为农业增产、农民增收、农村繁荣注入强劲动力。

2012 年农业农村工作的总体要求是：全面贯彻党的十七大和十七届三中、四中、五中、六中全会以及中央经济工作会议精神，高举中国特色社会主义伟大旗帜，以邓小平理论和"三个代表"重要思想为指导，深入贯彻落实科学发展观，同步推进工业化、城镇化和农业现代化，围绕强科技保发展、强生产保供给、强民生保稳定，进一步加大强农惠农富农政策力度，奋力夺取农业好收成，合力促进农民较快增收，努力维护农村社会和谐稳定。

一、加大投入强度和工作力度，持续推动农业稳定发展

1. 毫不放松抓好粮食生产。保障农产品有效供给，首先要稳住粮食生产，确保不出现滑坡。要切实落实"米袋子"省长负责制，继续开展粮食稳定增产行动，千方百计稳定粮食播种面积，扩大紧缺品种生产，着力提高单产和品质。继续实施全国新增千亿斤粮食生产能力规划，加快提升 800 个产粮大县（市、区、场）生产能力。继续实施粮食丰产科技工程、超级稻新品种选育和示范项目。支持优势产区加强棉花、油料、糖料生产基地建设，进一步优化布局、主攻单产、提高效益。深入推进粮棉油糖高产创建，积极扩大规

模，选择基础条件好、增产潜力大的县乡大力开展整建制创建。大力支持在关键农时、重点区域开展防灾减灾技术指导和生产服务，加快推进农作物病虫害专业化统防统治，完善重大病虫疫情防控支持政策。

2. 狠抓"菜篮子"产品供给。 抓好"菜篮子"，必须建好菜园子、管好菜摊子。要加快推进区域化布局、标准化生产、规模化种养，提升"菜篮子"产品整体供给保障能力和质量安全水平。大力发展设施农业，继续开展园艺作物标准园、畜禽水产示范场创建，启动农业标准化整体推进示范县建设。实施全国蔬菜产业发展规划，支持优势区域加强菜地基础设施建设。稳定发展生猪生产，扶持肉牛肉羊生产大县标准化养殖和原良种场建设，启动实施振兴奶业苜蓿发展行动，推进生猪和奶牛规模化养殖小区建设。制定和实施动物疫病防控二期规划，及时处置重大疫情。开展水产养殖生态环境修复试点，支持远洋渔船更新改造，加强渔政建设和管理。充分发挥农业产业化龙头企业在"菜篮子"产品生产和流通中的积极作用。强化食品质量安全监管综合协调，加强检验检测体系和追溯体系建设，开展质量安全风险评估。大力推广高效安全肥料、低毒低残留农药，严格规范使用食品和饲料添加剂。落实"菜篮子"市长负责制，充分发挥都市农业应急保障功能，大中城市要坚持保有一定的蔬菜等生鲜食品自给能力。

3. 加大农业投入和补贴力度。 持续加大财政用于"三农"的支出，持续加大国家固定资产投资对农业农村的投入，持续加大农业科技投入，确保增量和比例均有提高。发挥政府在农业科技投入中的主导作用，保证财政农业科技投入增幅明显高于财政经常性收入增幅，逐步提高农业研发投入占农业增加值的比重，建立投入稳定增长的长效机制。按照增加总量、扩大范围、完善机制的要求，继续加大农业补贴强度，新增补贴向主产区、种养大户、农民专业合作社倾斜。提高对种粮农民的直接补贴水平。落实农资综合补贴动态调整机制，适时增加补贴。加大良种补贴力度。扩大农机具购置补贴规模和范围，进一步完善补贴机制和管理办法。健全主产区利益补偿机制，增加产粮（油）大县奖励资金，加大生猪调出大县奖励力度。探索完善森林、草原、水土保持等生态补偿制度。研究建立公益林补偿标准动态调整机制，进一步加大湿地保护力度。加快转变草原畜牧业发展方式，加大对牧业、牧区、牧民的支持力度，草原生态保护补助奖励政策覆盖到国家确定的牧区半牧区县（市、旗）。加大村级公益事业建设一事一议财政奖补力度，积极引导农民和社会资金投入"三农"。有效整合国家投入，提高资金使用效率。切实加强财政"三农"投入和补贴资金使用监管，坚决制止、严厉查处虚报冒领、截留挪用等违法违规行为。

4. 提升农村金融服务水平。 加大农村金融政策支持力度，持续增加农村信贷投入，确保银行业金融机构涉农贷款增速高于全部贷款平均增速。完善涉农贷款税收激励政策，健全金融机构县域金融服务考核评价办法，引导县域银行业金融机构强化农村信贷服务。大力推进农村信用体系建设，完善农户信用评价机制。深化农村信用社改革，稳定县（市）农村信用社法人地位。发展多元化农村金融机构，鼓励民间资本进入农村金融服务领域，支持商业银行到中西部地区县域设立村镇银行。有序发展农村资金互助组织，引导农民专业合作社规范开展信用合作。完善符合农村银行业金融机构和业务特点的差别化监管政策，适当提高涉农贷款风险容忍度，实行适度宽松的市场准入、弹性存贷比政策。继续发展农户小额信贷业务，加大对种养大户、农民专业合作社、县域小型微型企业的信贷投放力度。加大对科技型农村企业、科技特派员下乡创业的信贷支持力度，积极探索农业科技专利质押融资业务。支持农业发展银行加大对农业科技的贷款力度。鼓励符合条件的涉农企业开展直接融资，积极发展涉农金融租赁业务。扩大农业保险险种和覆盖面，开展设施农业保费补贴试点，扩大森林保险保费补贴试点范围，扶持发展渔业互助保险，鼓励地方开展优势农产品生产保险。健全农业再保险体系，逐步建立中央财政支持下的农业大灾风险转移分散机制。

5. 稳定和完善农村土地政策。 加快修改完善相关法律，落实现有土地承包关系保持稳定并长久不变的政策。按照依法自愿有偿原则，引导土地承包经营权流转，发展多种形式的适度规模经营，促进农业生产经营模式创新。加快推进农村地籍调查，2012年基本完成覆盖农村集体各类土地的所有权确权登记颁证，推进包括农户宅基地在内的农村集体建设用地使用权确权登记颁证工作，稳步扩大农村土地承包经营权登记试点，财政适当补助工作经费。加强土地承包经营权流转管理和服务，健全土地承包经营纠纷调解仲裁制度。加快修改土地管理法，完善农村集体土地征收有关条款，健全严格规范的农村土地管理制度。加快推进牧区草原承包工作。深化集体林权制度改革，稳定林地家庭承包关系，2012年基本完成明晰产权、承包到户的改革任务，完善相关配套政策。搞好国有林场、国有林区改革试点。深入推进农村综合改革，加强农村改革试验区工作。

二、依靠科技创新驱动，引领支撑现代农业建设

6. 明确农业科技创新方向。 着眼长远发展，超前部署农业前沿技术和基础研究，力争在世界农业科技前沿领域占有重要位置。面向产业需求，着力突破农业重大关键技术和共性技术，切实解决科技与经济脱节问题。立足我国基本国情，遵循农业科技规律，把保障国家粮食安全作为首要任务，把提高土地产出率、资源利用率、劳动生产率作为主要目标，把增产增效并重、良种良法配套、农机农艺结合、生产生态协调作为基本要求，促进农业技术集成化、劳动过程机械化、生产经营信息化，构建适应高产、优质、高效、生态、安全农业发展要求的技术体系。

7. 突出农业科技创新重点。 稳定支持农业基础性、前沿性、公益性科技研究。大力加强农业基础研究，在农业生物基因调控及分子育种、农林动植物抗逆机理、农田资源高效利用、农林生态修复、有害生物控制、生物安全和农产品安全等方面突破一批重大基础理论和方法。加快推进前沿技术研究，在农业生物技术、信息技术、新材料技术、先进制造技术、精准农业技术等方面取得一批重大自主创新成果，抢占现代农业科技制高点。着力突破农业技术瓶颈，在良种培育、节本降耗、节水灌溉、农机装备、新型肥药、疫病防控、加工贮运、循环农业、海洋农业、农村民生等方面取得一批重大实用技术成果。

8. 完善农业科技创新机制。 打破部门、区域、学科界限，有效整合科技资源，建立协同创新机制，推动产学研、农科教紧密结合。按照事业单位分类改革的要求，深化农业科研院所改革，健全现代院所制度，扩大院所自主权，努力营造科研人员潜心研究的政策环境。完善农业科研立项机制，实行定向委托和自主选题相结合、稳定支持和适度竞争相结合。完善农业科研评价机制，坚持分类评价，注重解决实际问题，改变重论文轻发明、重数量轻质量、重成果轻应用的状况。大力推进现代农业产业技术体系建设，完善以产业

需求为导向、以农产品为单元、以产业链为主线、以综合试验站为基点的新型农业科技资源组合模式，及时发现和解决生产中的技术难题，充分发挥技术创新、试验示范、辐射带动的积极作用。落实税收减免、企业研发费用加计扣除、高新技术优惠等政策，支持企业加强技术研发和升级，鼓励企业承担国家各类科技项目，增强自主创新能力。积极培育以企业为主导的农业产业技术创新战略联盟，发展涉农新兴产业。加快农业技术转移和成果转化，加强农业知识产权保护，稳步发展农业技术交易市场。

9. 改善农业科技创新条件。 加大国家各类科技计划向农业领域倾斜支持力度，提高公益性科研机构运行经费保障水平。支持发展农业科技创新基金，积极引导和鼓励金融信贷、风险投资等社会资金参与农业科技创新创业。继续实施转基因生物新品种培育科技重大专项，加大涉农公益性行业科研专项实施力度。推进国家农业高新技术产业示范区和国家农业科技园区建设。按照统筹规划、共建共享的要求，增加涉农领域国家工程实验室、国家重点实验室、国家工程技术研究中心、科技资源共享平台的数量，支持部门开放实验室和试验示范基地建设。加强市地级涉农科研机构建设，鼓励有条件的地方纳入省级科研机构直接管理。加强国际农业科技交流与合作，加大力度引进消化吸收国外先进农业技术。加强农业气象研究和试验工作，强化人工影响天气基础设施和科技能力建设。

10. 着力抓好种业科技创新。 科技兴农，良种先行。增加种业基础性、公益性研究投入，加强种质资源收集、保护、鉴定，创新育种理论方法和技术，创制改良育种材料，加快培育一批突破性新品种。重大育种科研项目要支持育繁推一体化种子企业，加快建立以企业为主体的商业化育种新机制。优化调整种子企业布局，提高市场准入门槛，推动种子企业兼并重组，鼓励大型企业通过并购、参股等方式进入种业。建立种业发展基金，培育一批育繁推一体化大型骨干企业，支持企业与优势科研单位建立育种平台，鼓励科研院所、高等学校科研人员与企业合作共享。加大动植物良种工程实施力度，加强西北、西南、海南等优势种子繁育基地建设，鼓励种子企业与农民专业合作社联合建立相对集中稳定的种子生产基地，在粮棉油生产大县建设新品种引进示范场。对符合条件的种子生产开展保险试点，加大种子储备财政补助力度。完善品种审定、保护、退出制度，强化种子生产经营行政许可管理，严厉打击制售假冒伪劣、套牌侵权、抢购套购等违法行为。

三、提升农业技术推广能力，大力发展农业社会化服务

11. 强化基层公益性农技推广服务。 充分发挥各级农技推广机构的作用，着力增强基层农技推广服务能力，推动家庭经营向采用先进科技和生产手段的方向转变。普遍健全乡镇或区域性农业技术推广、动植物疫病防控、农产品质量监管等公共服务机构，明确公益性定位，根据产业发展实际设立公共服务岗位。全面实行人员聘用制度，严格上岗条件，落实岗位责任，推行县主管部门、乡镇政府、农民三方考评办法。对扎根乡村、服务农民、艰苦奉献的农技推广人员，要切实提高待遇水平，落实工资倾斜和绩效工资政策，实现在岗人员工资收入与基层事业单位人员工资收入平均水平相衔接。进一步完善乡镇农业公共服务机构管理体制，加强对农技推广工作的管理和指导。切实改善基层农技推广工作条件，按种养规模和服务绩效安排推广工作经费。2012 年基层农业技术推广体系改革与建设示范县项目基本覆盖农业县（市、区、场）、农业技术推广机构条件建设项目覆盖全

部乡镇。大幅度增加农业防灾减灾稳产增产关键技术良法补助。加快把基层农技推广机构的经营性职能分离出去，按市场化方式运作，探索公益性服务多种实现形式。改进基层农技推广服务手段，充分利用广播电视、报刊、互联网、手机等媒体和现代信息技术，为农民提供高效便捷、简明直观、双向互动的服务。加强乡镇或小流域水利、基层林业公共服务机构建设，健全农业标准化服务体系。扩大农业农村公共气象服务覆盖面，提高农业气象服务和农村气象灾害防御科技水平。

12. 引导科研教育机构积极开展农技服务。引导高等学校、科研院所成为公益性农技推广的重要力量，强化服务"三农"职责，完善激励机制，鼓励科研教学人员深入基层从事农技推广服务。支持高等学校、科研院所承担农技推广项目，把农技推广服务绩效纳入专业技术职务评聘和工作考核，推行推广教授、推广型研究员制度。鼓励高等学校、科研院所建立农业试验示范基地，推行专家大院、校市联建、院县共建等服务模式，集成、熟化、推广农业技术成果。大力实施科技特派员农村科技创业行动，鼓励创办领办科技型企业和技术合作组织。

13. 培育和支持新型农业社会化服务组织。通过政府订购、定向委托、招投标等方式，扶持农民专业合作社、供销合作社、专业技术协会、农民用水合作组织、涉农企业等社会力量广泛参与农业产前、产中、产后服务。充分发挥农民专业合作社组织农民进入市场、应用先进技术、发展现代农业的积极作用，加大支持力度，加强辅导服务，推进示范社建设行动，促进农民专业合作社规范运行。支持农民专业合作社兴办农产品加工企业或参股龙头企业。壮大农村集体经济，探索有效实现形式，增强集体组织对农户生产经营的服务能力。鼓励有条件的基层站所创办农业服务型企业，推行科工贸一体化服务的企业化试点，由政府向其购买公共服务。支持发展农村综合服务中心。全面推进农业农村信息化，着力提高农业生产经营、质量安全控制、市场流通的信息服务水平。整合利用农村党员干部现代远程教育等网络资源，搭建三网融合的信息服务快速通道。加快国家农村信息化示范省建设，重点加强面向基层的涉农信息服务站点和信息示范村建设。继续实施星火计划，推进科技富民强县行动、科普惠农兴村计划等工作。

四、加强教育科技培训，全面造就新型农业农村人才队伍

14. 振兴发展农业教育。推进部部共建、省部共建高等农业院校，实施卓越农林教育培养计划，办好一批涉农学科专业，加强农科教合作人才培养基地建设。进一步提高涉农学科（专业）生均拨款标准。加大国家励志奖学金和助学金对高等学校涉农专业学生倾斜力度，提高涉农专业生源质量。加大高等学校对农村特别是贫困地区的定向招生力度。鼓励和引导高等学校毕业生到农村基层工作，对符合条件的，实行学费补偿和国家助学贷款代偿政策。深入推进大学生"村官"计划，因地制宜实施"三支一扶"、大学生志愿服务西部等计划。加快中等职业教育免费进程，落实职业技能培训补贴政策，鼓励涉农行业兴办职业教育，努力使每一个农村后备劳动力都掌握一门技能。

15. 加快培养农业科技人才。国家重大人才工程要向农业领域倾斜，继续实施创新人才推进计划和农业科研杰出人才培养计划，加快培养农业科技领军人才和创新团队。进一步完善农业科研人才激励机制、自主流动机制。制定以科研质量、创新能力和成果应用为

导向的评价标准。广泛开展基层农技推广人员分层分类定期培训。完善基层农技推广人员职称评定标准，注重工作业绩和推广实效，评聘职数向乡镇和生产一线倾斜。开展农业技术推广服务特岗计划试点，选拔一批大学生到乡镇担任特岗人员。积极发挥农民技术人员示范带动作用，按承担任务量给予相应补助。

16. 大力培训农村实用人才。 以提高科技素质、职业技能、经营能力为核心，大规模开展农村实用人才培训。充分发挥各部门各行业作用，加大各类农村人才培养计划实施力度，扩大培训规模，提高补助标准。加快培养村干部、农民专业合作社负责人、到村任职大学生等农村发展带头人，农民植保员、防疫员、水利员、信息员、沼气工等农村技能服务型人才，种养大户、农机大户、经纪人等农村生产经营型人才。大力培育新型职业农民，对未升学的农村高初中毕业生免费提供农业技能培训，对符合条件的农村青年务农创业和农民工返乡创业项目给予补助和贷款支持。

五、改善设施装备条件，不断夯实农业发展物质基础

17. 坚持不懈加强农田水利建设。 加快推进水源工程建设、大江大河大湖和中小河流治理、病险水库水闸除险加固、山洪地质灾害防治，加大大中型灌区续建配套与节水改造、大中型灌溉排水泵站更新改造力度，在水土资源条件具备的地方新建一批灌区，努力扩大有效灌溉面积。继续增加中央财政小型农田水利设施建设补助专项资金，实现小型农田水利重点县建设基本覆盖农业大县。加大山丘区"五小水利"工程建设、农村河道综合整治、塘堰清淤力度，发展牧区水利。大力推广高效节水灌溉新技术、新设备，扩大设备购置补贴范围和贷款贴息规模，完善节水灌溉设备税收优惠政策。创新农田水利建设管理机制，加快推进土地出让收益用于农田水利建设资金的中央和省级统筹，落实农业灌排工程运行管理费用由财政适当补助政策。发展水利科技推广、防汛抗旱、灌溉试验等方面的专业化服务组织。

18. 加强高标准农田建设。 加快永久基本农田划定工作，启动耕地保护补偿试点。制定全国高标准农田建设总体规划和相关专项规划，多渠道筹集资金，增加农业综合开发投入，开展农村土地整治重大工程和示范建设，集中力量加快推进旱涝保收高产稳产农田建设，实施东北四省区高效节水农业灌溉工程，全面提升耕地持续增产能力。占用耕地建设重大工程，要积极推行"移土培肥"经验和做法。继续搞好农地质量调查和监测工作，深入推进测土配方施肥，扩大土壤有机质提升补贴规模，继续实施旱作农业工程。加强设施农业装备与技术示范基地建设。加快推进现代农业示范区建设，支持垦区率先发展现代农业。

19. 加快农业机械化。 充分发挥农业机械集成技术、节本增效、推动规模经营的重要作用，不断拓展农机作业领域，提高农机服务水平。着力解决水稻机插和玉米、油菜、甘蔗、棉花机收等突出难题，大力发展设施农业、畜牧水产养殖等机械装备，探索农业全程机械化生产模式。积极推广精量播种、化肥深施、保护性耕作等技术。加强农机关键零部件和重点产品研发，支持农机工业技术改造，提高产品适用性、便捷性、安全性。加大信贷支持力度，鼓励种养大户、农机大户、农机合作社购置大中型农机具。落实支持农机化发展的税费优惠政策，推动农机服务市场化和产业化。切实加强农机售后服务和农机安全

监理工作。

20. 搞好生态建设。 巩固退耕还林成果，在江河源头、湖库周围等国家重点生态功能区适当扩大退耕还林规模。落实天然林资源保护工程二期实施方案，统筹解决就业困难的一次性安置职工社会保险补贴问题。逐步提高防护林造林投资中央补助标准，加强"三北"、沿海、长江等防护林体系工程建设。抓紧编制京津风沙源治理二期工程规划，扩大石漠化综合治理实施范围，开展沙化土地封禁保护补助试点。构建青藏高原生态安全屏障，启动区域性重点生态工程。适当扩大林木良种和造林补贴规模，完善森林抚育补贴政策。完善林权抵押贷款管理办法，增加贷款贴息规模。探索国家级公益林赎买机制。支持发展木本粮油、林下经济、森林旅游、竹藤等林产业。鼓励企业等社会力量运用产业化方式开展防沙治沙。扩大退牧还草工程实施范围，支持草原围栏、饲草基地、牲畜棚圈建设和重度退化草原改良。加强牧区半牧区草原监理工作。继续开展渔业增殖放流。加大国家水土保持重点建设工程实施力度，加快坡耕地整治步伐，推进清洁小流域建设，强化水土流失监测预报和生产建设项目水土保持监督管理。把农村环境整治作为环保工作的重点，完善以奖促治政策，逐步推行城乡同治。推进农业清洁生产，引导农民合理使用化肥农药，加强农村沼气工程和小水电代燃料生态保护工程建设，加快农业面源污染治理和农村污水、垃圾处理，改善农村人居环境。

六、提高市场流通效率，切实保障农产品稳定均衡供给

21. 加强农产品流通设施建设。 统筹规划全国农产品流通设施布局，加快完善覆盖城乡的农产品流通网络。推进全国性、区域性骨干农产品批发市场建设和改造，重点支持交易场所、电子结算、信息处理、检验检测等设施建设。把农产品批发市场、城市社区菜市场、乡镇集贸市场建设纳入土地利用总体规划和城乡建设规划，研究制定支持农产品加工流通设施建设的用地政策。鼓励有条件的地方通过投资入股、产权置换、公建配套、回购回租等方式，建设一批非营利性农产品批发、零售市场。继续推进粮棉油糖等大宗农产品仓储物流设施建设，支持拥有全国性经营网络的供销合作社和邮政物流、粮食流通、大型商贸企业等参与农产品批发市场、仓储物流体系的建设经营。加快发展鲜活农产品连锁配送物流中心，支持建立一体化冷链物流体系。继续加强农村公路建设和管护。扶持产地农产品收集、加工、包装、贮存等配套设施建设，重点对农民专业合作社建设初加工和贮藏设施予以补助。

22. 创新农产品流通方式。 充分利用现代信息技术手段，发展农产品电子商务等现代交易方式。探索建立生产与消费有效衔接、灵活多样的农产品产销模式，减少流通环节，降低流通成本。大力发展订单农业，推进生产者与批发市场、农贸市场、超市、宾馆饭店、学校和企业食堂等直接对接，支持生产基地、农民专业合作社在城市社区增加直供直销网点，形成稳定的农产品供求关系。扶持供销合作社、农民专业合作社等发展联通城乡市场的双向流通网络。开展"南菜北运"、"西果东送"现代流通综合试点。开展农村商务信息服务，举办多形式、多层次的农产品展销活动，培育具有全国性和地方特色的农产品展会品牌。充分发挥农产品期货市场引导生产、规避风险的积极作用。免除蔬菜批发和零售环节增值税，开展农产品进项税额核定扣除试点，落实和完善鲜活农产品运输绿色通道

政策，清理和降低农产品批发市场、城市社区菜市场、乡镇集贸市场和超市的收费。

23. 完善农产品市场调控。 准确把握国内外农产品市场变化，采取有针对性的调控措施，确保主要农产品有效供给和市场稳定，保持价格合理水平。稳步提高小麦、稻谷最低收购价，适时启动玉米、大豆、油菜籽、棉花、食糖等临时收储，健全粮棉油糖等农产品储备制度。抓紧完善鲜活农产品市场调控办法，健全生猪市场价格调控预案，探索建立主要蔬菜品种价格稳定机制。加强国内外农产品市场监测预警，综合运用进出口、吞吐调剂等手段，稳定国内农产品市场。完善农产品进口关税配额管理，严厉打击走私违法行为。抓紧建立全国性、区域性农产品信息共享平台，加强农业统计调查和预测分析，提高对农业生产大县的统计调查能力，推行重大信息及时披露和权威发布制度，防止各类虚假信息影响产业发展、损害农民利益。

各级党委和政府必须始终坚持把解决好"三农"问题作为重中之重，不断加强和改善对农业农村工作的领导，切实把各项政策措施落到实处，努力形成全社会关心支持"三农"的良好氛围。全面贯彻落实党的十七届六中全会精神，促进城乡文化一体化发展，增加农村文化服务总量，缩小城乡文化发展差距。加快推进社会主义新农村建设，切实保障和改善农村民生，大力发展农村公共事业，认真落实《中国农村扶贫开发纲要（2011—2020 年）》。推进以党组织为核心的农村基层组织建设，完善农村基层自治机制，健全农村法制，加强和创新农村社会管理，确保农村社会和谐稳定。

切实加强农业农村工作，加快推进农业科技创新，持续增强农产品供给保障能力，使命光荣、责任重大、任务艰巨。我们要紧密团结在以胡锦涛同志为总书记的党中央周围，坚定信心，真抓实干，以优异成绩迎接党的第十八次全国代表大会胜利召开！

关于开展基层农技推广体系改革试点工作的意见

农业部　中央编办　科技部　财政部

为了贯彻落实《中共中央国务院关于做好 2002 年农业和农村工作的意见》（中发〔2002〕2 号）和《中共中央国务院关于做好农业和农村工作的意见》（中发〔2003〕3 号）精神，经国务院同意，农业部、中央编办、科技部、财政部决定在全国选择部分县（市），开展基层农技推广体系改革试点工作。

一、开展改革试点工作的必要性

农技推广体系是国家农业支持保护体系的重要组成部分，是实施科教兴农战略的重要载体。当前，农业进入新的阶段，推动农业和农村经济结构战略性调整，发展农村经济，增加农民收入，越来越依赖于科学技术进步和农民素质提高。特别是我国加入世界贸易组织后，农业面临着日趋激烈的国际竞争，向千家万户的农民提供多种多样的农技服务，符合世界贸易组织农业协议政府支持农业的"绿箱政策"，有利于降低农业生产成本，提高农产品质量，增强我国农业的竞争力。因此，加强农技推广工作，完善基层农技推广体系，是当前和今后一个时期发展农业的重要任务。

长期以来，广大农技人员为解决人民的温饱问题和实现农业的历史性跨越做出了重大贡献。随着市场经济的发展和乡镇政府机构改革的推进，基层农技推广体系也暴露出一些不适应新形势的问题。一些地方农技推广机构设置过多过散，推广机制不活，推广方式单一、推广手段落后，经费渠道不稳定，多元化的农技服务组织发育滞后，这不仅影响了农技推广事业的发展，而且也难以满足新阶段农民增收致富的要求。近几年，许多地方在改革农技推广体系方面进行了积极探索，取得了一定成效，但也存在一些简单化的做法，需要正确引导。实践证明，巩固和健全基层农技推广体系，必须对现有的农技推广机构和管理体制进行改革。

改革和完善基层农技推广体系是一项艰巨的任务。由于各地情况千差万别，农技推广机构队伍量大面广，改革不仅涉及广大农技人员的切身利益，而且会影响农民对农技服务的需求，特别是经济体制改革正处在不断深化之中，农技推广的方式和方法有一个逐步完善的过程。因此，要认真总结经验，找准问题，从实际出发精心设计改革方案。通过试点，在实践中摸索可行办法，稳步推进改革，逐步构建起适应社会主义市场经济体制的新型农技推广体系。

二、改革试点工作的指导思想、主要任务和基本要求

基层农技推广体系改革试点工作的指导思想是：立足农村实际和农民需要，有利于巩固农业的基础地位，有利于加强对农业和农村经济工作的指导，有利于创建新型的农技推

广体系。改革的重点在乡镇。要通过改革，充实农业生产一线，提高农技人员素质，加强薄弱环节，使农技推广工作更好地为农业和农民服务。

根据中发〔2002〕2号和中发〔2003〕3号文件中关于推进农业科技推广体制改革的精神，基层农技推广体系改革试点工作的主要任务是：推进国家农技推广机构的改革，发展多元化的农技服务组织，创新农技推广的体制和机制。国家的农技推广机构要"有所为，有所不为"，确保公益性职能的履行，逐步退出经营性服务领域；要通过政策扶持，为科研单位、大专院校、农民合作组织、农业产业化龙头企业等开展为农服务营造良好的环境。逐步形成国家兴办与国家扶持相结合，无偿服务与有偿服务相结合的新型农技推广体系。

基层农技推广体系改革试点工作的基本要求是：鼓励改革创新，坚持因地制宜，妥善处理改革、稳定与发展的关系。要改革现有的农技推广机构和管理体制，在创新机制、优化队伍上下功夫；鼓励试点地方根据本地实际和农民需要，大胆探索改革的具体做法，坚持分类指导，不搞一刀切；在改革中要保持农技推广队伍的基本稳定，推进农技推广事业的健康发展。

三、改革试点工作的内容

（一）创新农技推广体制与机制

进一步明确政府在农技推广中的职能和任务，要探索建立国家的推广机构为主导和面向市场相结合的多元化推广体系。发挥国家农技推广队伍的骨干作用，大力培育多种成分、多种形式的农技服务组织，逐步形成政府与市场互动发展、互为补充的农技推广新格局。加强农业科研、教育、推广部门之间的联合，推动跨地区、跨专业推广机构之间的横向协作，拓宽科技下乡的渠道，加速科技成果转化。要改变产、加、销脱节的状况，根据市场的需求，围绕发展优质、高产、高效、生态、安全农业开展技术服务，鼓励农技推广服务从产中向产前、产后延伸，更好地满足农民增收的需要。

（二）明确国家农技推广机构的职能

国家的农技推广机构要切实承担好法律法规授权的执法和行政管理，关键技术的引进、试验、示范，动植物病虫害及灾情的监测、预报、防治和处置，农产品（包括动物产品）生产过程中的质量安全的检测、监测和强制性检疫，农业资源、农业生态环境和农业投入品使用监测，农业公共信息服务，农民的公共培训教育等公益性职能。逐步将国家农技推广机构承担的农资供应、动物疾病诊疗以及产后加工、运销等经营性服务分离出去，按市场化方式运作。对于动植物良种繁育、技术咨询等一般性的推广服务，要通过试点逐步明确职能性质，积极探索按照市场化方式运作。

（三）科学设置国家的农技推广机构

各试点县（市）可以根据本地农业主导产业和特色产业的要求，按照精简、统一、效能的原则和地方财力的实际，选择适宜形式设置乡镇一级国家农技推广机构。

在机构设置上要注意引导相关专业进行合并，可以将相近行业的农技推广机构适当合并成农技推广综合站。经营管理机构不再列入农技推广体系，农村土地承包管理、农民负担监督管理、农村集体资产和财务管理指导等项经营管理工作列入乡镇政府职责。

现有县级种植业、畜牧兽医、水产、农机化等行业的农技推广机构也要相对综合。在具备条件的地方，可以按行业试办服务于几个乡镇的农技推广区域站，原有乡镇一级农技推广机构在国家扶持下逐步改制为技术推广、生产经营相结合的实体。

积极探索乡镇一级国家农技推广机构的管理方式。对承担农作物病虫害和动物疫病测报、预防的专门机构和队伍，以及从事区域性农技推广工作的机构，可以试行不同的管理方式。无论采取何种管理方式，对农技人员的调动、考核、晋升等都要充分听取各方面的意见。县级业务主管部门要加强对乡镇农技推广机构的业务指导。

（四）优化农技推广队伍

根据国家农技推广机构新的职能和任务，重新核定人员编制。改革后乡镇一级国家农技推广机构人员编制数，应比乡镇农技推广机构原人员编制数减少20％～30％。

改革后的国家农技推广机构的定员，要坚持公开、公正、公平的原则，竞争上岗、择优录用，实行聘用制。录用人员的考试、考核要体现专业特点，合理安排基础知识和专业技能的比重，大力选拔有真才实学的专业人员进入国家的农技推广队伍。在改革后国家农技推广机构中，专业农技人员占总编制数的比例不低于80％，并注意保持各专业之间的合理比例。

要建立健全农技推广工作的考核评价制度，明确岗位职责，落实任务要求，量化考核指标，把深入农业生产一线开展工作的实绩作为考核的主要内容，把农民群众和基层干部对农技人员的评价纳入到农技推广工作的考核体系中。

对精简下来的在编人员，县、乡政府应妥善安置。要制定政策鼓励他们到各类经营实体中从事经营服务工作。退休人员应按照国家规定，比照同类人员切实保证基本待遇。

（五）保证必需的财政供给

改革后国家农技推广机构的经费主要包括三个方面：一是人员经费；二是履行公益性职能所必需的业务经费、培训费及设施设备更新经费；三是以推广项目形式预算的农业专项经费。

承担公益性职能的国家农技推广机构，其经费由财政供给。对于由国家农技推广机构以外的其他机构承担、且符合政府扶持范围的一般性农技推广服务工作，政府可通过多种形式给予适当支持。

（六）多种形式兴办经营性农技服务实体

在基层农技推广体系改革试点中，从国家农技推广机构中分离出的一般性技术推广工作和经营性服务项目，要在各级政府的扶持下，通过兴办农业科技示范场、进行技物结合的连锁经营、开展多种形式的技术承包，以及与农业产业化企业和农民合作组织协作等方式，把技术推广和生产经营有机结合起来。新创办和改制形成的技术经济实体，可以独资经营，也可以合资经营，还可以采取其他方式。有关部门要给予积极支持。

（七）推动多元化农技服务组织的发展

按照有关优惠政策，鼓励更多的企业和市场中介组织参与农技服务。要推动推广队伍多元化、推广行为社会化、推广形式多样化。对农业产业化龙头企业、农民合作组织开展农技服务，要给予积极支持。要规范农技服务市场的秩序，建立完善监督机制，维护农业生产者的合法权益。

四、改革试点工作的有关事项

基层农技推广体系改革试点是整个农技推广体系改革的重要步骤，是一项涉及多部门、多专业的工作。各有关部门要加强指导，采取有效措施，确保试点工作积极稳妥地进行。

试点工作以县（市）为单位进行。县级农业、编制、人事、财政、科技等部门要在当地党委、政府的领导下，协调配合，统筹规划，分步实施。

（一）组织保障

由农业部、中央编办、科技部、财政部等部门联合成立农技推广体系改革试点部际联席会议，统筹指导试点工作。部际联席会议的主要任务是，确定试点单位、制定试点工作计划、指导试点工作开展、对试点的重大问题和事项提出处理意见。农业部为牵头部门，由一位副部长任联席会议召集人。农业部农村经济体制与经营管理司负责部际联席会议的日常工作。试点县（市）所在省（市）要建立相应的工作机制，明确牵头部门和参与部门，共同做好试点的有关工作。试点县（市）成立农技推广体系改革试点工作领导小组，并确定部门具体落实试点工作。

（二）布点要求

拟在 10 个省（市）各选择 1 个县（市）开展基层农技推广体系改革试点。承担试点任务的县（市）党委政府要重视农技推广工作，有积极性，当地具备处理相关问题的能力和条件，在全国有一定的代表性，便于总结经验，利于面上推广。

根据布点要求，县级人民政府可以向省级主管部门提出承担试点任务的申请。申请材料经省级有关部门共同审核后，上报农业部。根据各地申请材料，部际联席会议确定试点县（市），并批复启动试点工作。

有关省（市）要根据本意见的原则要求，结合本地区实际，制定具体的配套措施和实施办法。

（三）时间进度

试点用 1 年左右时间基本完成，具体进度为：试点方案确定后的两个月内确定试点县（市）和各个试点县（市）的具体试点方案；试点工作开始后的 8 个月内基本完成机构设置、人员上岗、分流人员安置等工作，并在此基础上总结经验，完善办法。

（四）检查指导

部际联席会议和省级有关部门要对试点工作及时进行检查，注意发现和分析问题，提出指导意见。试点结束后，试点县（市）要向部际联席会议提交总结报告，部际联席会议要认真总结各地经验，向国务院报送试点工作报告。

二〇〇三年一月

江苏省实施《中华人民共和国农业技术推广法》办法

（1994年9月3日江苏省第八届人民代表大会常务委员会第九次会议通过　根据1997年7月31日江苏省第八届人民代表大会常务委员会第二十九次会议关于修改《江苏省实施〈中华人民共和国农业技术推广法〉办法》的决定第一次修正　根据2004年6月17日江苏省第十届人民代表大会常务委员会第十次会议关于修改《江苏省实施〈中华人民共和国农业技术推广法〉办法》的决定第二次修正　根据2010年9月29日江苏省第十一届人民代表大会常务委员会第十七次会议关于修改《江苏省实施〈中华人民共和国农业技术推广法〉办法》的决定第三次修正　2017年1月18日江苏省第十二届人民代表大会常务委员会第二十八次会议修订）

第一章　总　　则

第一条　为了贯彻实施《中华人民共和国农业技术推广法》，加强农业技术推广工作，优化农业结构，推进农业现代化进程，制定本办法。

第二条　在本省行政区域内从事农业技术推广活动适用本办法。

第三条　农业技术是指应用于种植业、林业、畜牧业、渔业的科研成果和实用技术，包括：

（一）良种繁育、栽培、肥料施用和养殖技术；

（二）植物病虫害、动物疫病和其他有害生物防治技术；

（三）农产品收获、加工、包装、贮藏、运输技术；

（四）农业投入品安全使用、农产品质量安全技术；

（五）农田水利、农村供排水、种养环境整治与修复、土壤改良与水土保持技术；

（六）农业机械化、农用航空、农业气象和农业信息技术；

（七）农业防灾减灾、农业资源与农业生态安全和农村能源开发利用技术；

（八）农业废弃物综合利用技术；

（九）其他农业技术。

农业技术推广是指通过试验、示范、培训、指导以及咨询服务等，把农业技术普及应用于农业产前、产中、产后全过程的活动。

第四条　农业技术推广应当坚持因地制宜、开发创新和谁推广谁负责，发挥农业劳动者和农业生产经营组织的积极性，有利于农业、农村经济可持续发展，保障农业增效、农民增收、生态安全。

第五条　地方各级人民政府应当加强对农业技术推广工作的领导，健全农业技术推广体系，加强基础设施和队伍建设，完善经费保障机制，提高农业技术推广服务水平，促进农业技术推广事业的发展。

第六条　县级以上地方人民政府农业、林业、畜牧业、渔业、农机、水利等部门（以下统称农业技术推广部门）在同级人民政府的领导下，按照各自职责，负责本行政区域内有关的农业技术推广工作。

县级以上地方人民政府科学技术部门对农业技术推广工作进行指导，其他有关部门按照各自职责做好农业技术推广的有关工作。

第二章　农业技术推广体系

第七条　农业技术推广，实行国家农业技术推广机构与农业科研单位、有关学校、农民专业合作社、涉农企业、群众性科技组织、农民技术人员等相结合的推广体系，坚持公益性推广与经营性推广相结合。

第八条　国家农业技术推广机构是指省、设区的市、县（市、区）、乡镇（街道）为推广种植业、林业、畜牧业、渔业、农机、水利等技术而设立的从事公益服务的事业单位。

国家农业技术推广机构应当逐步实行综合设置。

第九条　根据县域农业特色、森林资源、水系和水利设施分布等情况，因地制宜设置县（市、区）、乡镇（街道）或者区域性的国家农业技术推广机构。

乡镇（街道）的国家农业技术推广机构，可以实行县级人民政府农业技术推广部门管理为主或者乡镇人民政府（街道办事处）管理为主、县级人民政府农业技术推广部门业务指导的体制。

第十条　地方各级国家农业技术推广机构除应当履行《中华人民共和国农业技术推广法》规定的公益性职责外，还应当做好下列工作：

（一）组织推广农业废弃物综合利用、病死的畜禽和水生动物的无害化处理技术；

（二）指导农业技术服务站点、农业社会化服务组织和农民技术人员开展农业技术推广活动；

（三）参与培育新型职业农民、新型农业经营主体和新型农业服务主体；

（四）搜集、整理、传播农业技术信息。

地方各级国家农业技术推广机构不得从事经营性农业技术推广工作。

第十一条　地方各级国家农业技术推广机构的人员编制应当根据所服务区域的农业特色、种养规模、服务范围和工作任务等合理确定并配齐，任何单位不得挤占，保证其公益性职责的履行。

第十二条　省、设区的市、县（市、区）的国家农业技术推广机构的岗位设置应当以专业技术岗位为主。

乡镇（街道）的国家农业技术推广机构的岗位应当全部为专业技术岗位。专业技术岗位不得安排非专业技术人员。

第十三条　地方各级国家农业技术推广机构的专业技术人员应当具有相应的专业技术水平，符合岗位职责要求。

除国家另有规定外，地方各级国家农业技术推广机构新聘用人员应当面向社会公开招聘。招聘的专业技术人员应当具有有关专业大专以上学历。

第十四条　县级以上地方人民政府应当制定激励政策，通过定向委培等方式，充实和加强基层农业技术推广队伍。

鼓励农业科研单位和有关学校培养农业技术推广人才。鼓励和支持高等学校毕业生到基层从事农业技术推广工作。

第十五条 地方各级国家农业技术推广机构的专业技术人员应当履行下列职责：

（一）宣传贯彻农业技术推广的法律、法规、政策；

（二）承担和完成农业技术推广项目；

（三）开展试验示范，组织技术培训，普及科技知识；

（四）提供技术咨询和信息服务；

（五）了解农业技术推广成效和生产经营情况，反映存在问题，提出建议；

（六）法律、法规规定的其他职责。

第十六条 因地制宜加强村农业技术服务站点建设，培育农民技术人员。

地方各级人民政府可以通过政府购买服务、给予补助等方式，鼓励和支持村农业技术服务站点和农民技术人员开展农业技术推广。

村农业技术服务站点和农民技术人员在国家农业技术推广机构的指导下，宣传农业技术知识，落实农业技术推广措施，为农业劳动者和农业生产经营组织提供农业技术服务。

第十七条 鼓励和引导科技人员到基层从事农业技术推广工作。

农业科研单位和有关学校应当适应农村经济建设发展的需要，开展农业技术开发和推广工作，加快先进技术在农业生产中的普及应用。

农业科研单位和有关学校应当设立农业技术推广岗位，将科技人员从事农业技术推广工作的实绩作为工作考核和职称评定的重要内容。

第十八条 鼓励和支持农场、林场、牧场、渔场、水利工程管理单位和供销合作社、群众性科技组织等企业事业单位、社会组织，直接面向农业劳动者和农业生产经营组织开展农业技术推广服务。

鼓励和支持农民专业合作社负责人、种养大户、家庭农场负责人、农机专业户等创办各类农业专业化服务组织，发挥其在农业技术推广中的作用。

第三章 农业技术的推广与应用

第十九条 县级以上地方人民政府农业技术推广部门应当制定重大农业技术推广计划。重大农业技术的推广应当列入地方各级人民政府经济社会、农业农村、科学技术发展规划与计划，确定重大农业技术推广项目，由农业技术推广部门会同科学技术等相关部门组织实施。

地方各级国家农业技术推广机构应当根据有关农业技术推广的规划与计划制定年度农业技术推广方案，实施农业技术推广项目，并做好推广评价工作。

第二十条 农业科研单位和有关学校应当把农业重大科技需求列为重点研究课题，其科研成果可以通过有关农业技术推广单位进行推广或者直接向农业劳动者和农业生产经营组织推广。

农业科研单位和有关学校开展公益性农业技术推广服务的，地方各级人民政府和有关部门应当给予支持，提供必要的条件，维护其合法权益。

第二十一条　向农业劳动者和农业生产经营组织推广的农业技术，应当坚持试验、示范、培训、推广的程序。推广的农业技术应当在推广地区经过试验证明具有先进性、适用性和安全性。

农业技术推广单位可以通过技术培训、现场观摩、入户指导、建立示范基地等方式，教育和引导农业劳动者、农业生产经营组织应用农业技术。

第二十二条　农业技术推广部门应当建立和完善农业技术推广服务信息化平台。国家农业技术推广机构应当运用信息网络和现代传播信息手段，为农业劳动者和农业生产经营组织提供便捷的农业科技信息服务。

第二十三条　地方各级国家农业技术推广机构向农业劳动者和农业生产经营组织推广农业技术，实行无偿服务。

鼓励、引导农业劳动者和农业生产经营组织自愿应用农业技术，任何单位或者个人不得强迫。

第二十四条　国家农业技术推广机构以外的单位以及科技人员以技术转让、技术服务、技术承包、技术咨询和技术入股等形式提供农业技术的，可以实行有偿服务，其合法收入和植物新品种、农业技术专利等知识产权受法律保护。进行农业技术转让、技术服务、技术承包、技术咨询和技术入股，当事人各方应当订立合同，约定各自的权利和义务。

第二十五条　鼓励和支持以大宗农产品和优势特色农产品生产为重点的农业示范区、试验区、科技园区建设，集成、推广农业技术成果，发挥对农业技术推广的引领带动作用，促进现代农业发展。

第二十六条　地方各级人民政府可以采取购买服务等方式，引导社会力量参与公益性农业技术推广服务。

农业技术推广部门应当推动发展合作式、订单式、托管式等形式的农业社会化服务，鼓励和支持农业专业化服务组织开展农作物联耕联种、农机作业、病虫害统防统治等农业服务。

第四章　农业技术推广的保障措施

第二十七条　地方各级人民政府承担公益性农业技术推广体系建设主体责任。县级以上地方人民政府应当将基层公益性农业技术推广体系健全率纳入农业现代化指标考核体系，与现代农业建设统筹推进。

第二十八条　地方各级人民政府应当将农业技术推广资金纳入财政预算，并按照规定逐年增长。

县（市、区）、乡镇人民政府（街道办事处）应当保障农业技术推广机构开展农情监测预报、农产品质量监测、技术示范推广、职业农民培训等必要的工作经费。

任何单位和个人不得截留或者挪用用于农业技术推广的资金。

第二十九条　地方各级人民政府应当按照下列途径筹集农业技术推广专项资金，实行专款专用：

（一）财政拨款；

（二）农业发展基金中提取一定比例的资金；

（三）各类组织提供的贷款、捐赠等。

省级财政对重大农业技术推广给予补助。

第三十条 地方各级人民政府应当采取措施，改善县（市、区）、乡镇（街道）的国家农业技术推广机构专业技术人员的工作条件、生活条件，保障专业技术人员享受国家规定的待遇，人员经费列入财政预算，保持国家农业技术推广队伍的稳定。

县（市、区）、乡镇（街道）的国家农业技术推广机构专业技术人员参与实施国家、省有关农业技术推广项目的，可以按照规定享受相应补助。

第三十一条 分层分类评定农业技术推广人员的专业技术职称。农业技术推广人员的职称评定应当向乡镇（街道）、村从事农业技术推广人员倾斜，重点考核农业技术推广人员的业务水平和推广实效。具体办法由省人力资源社会保障部门会同省农业技术推广部门制定。

第三十二条 地方各级人民政府不得抽调或者借用农业技术推广人员从事与农业技术推广无关的工作。

第三十三条 县级以上地方人民政府农业技术推广部门应当根据农业技术推广人员专业状况、现代农业发展和农民的农业技术需求，会同有关部门制定农业技术推广人员素质提升计划，统筹教育培训资源，通过组织专业进修、选送到院校学习等方式，分级分类分批开展农业技术推广人员培训，不断改善农业技术推广人员的知识结构，提高农业技术推广的服务能力和水平。

第三十四条 县级以上地方人民政府农业技术推广部门、乡镇人民政府（街道办事处）应当建立考核制度，明确考核指标，对其管理的农业技术推广机构履行公益性职责的情况进行监督、考评。监督、考评应当听取服务对象的意见，考核结果向社会公开。

地方各级国家农业技术推广机构应当建立农业技术推广人员工作责任制度和考评制度，规范推广行为，制定考核指标。对农业技术推广人员的考核应当由服务对象和农业技术推广部门、乡镇人民政府（街道办事处）共同参与。

第三十五条 鼓励、支持经营性农业技术推广服务的单位和个人从事农业技术推广工作。从事经营性农业技术推广服务的，享受国家和省规定的资金、信贷、税收等方面的优惠。

第五章 奖励与惩罚

第三十六条 在农业技术推广工作中有下列情形之一的单位和个人，按照有关规定给予表彰或者奖励：

（一）在推广农业科技成果、促进农业生产发展中取得显著成绩的；

（二）在农业技术推广管理工作中贡献突出的；

（三）在普及农业科学知识、培训农业技术人才、提高农业劳动者素质中取得显著成绩的；

（四）在组织领导和资金、物资上积极支持推广工作中贡献突出的；

（五）在农业技术推广工作中作出其他显著成绩的。

表彰或者奖励应当向基层一线倾斜，提高乡镇（街道）农业技术推广人员获得表彰或者奖励的比例。

第三十七条 地方各级国家农业技术推广机构及其工作人员未依照本办法规定履行职责的，由主管机关责令限期改正，通报批评；对直接负责的主管人员和其他直接责任人员依法给予处分。

第三十八条 有下列行为之一的，由其上级机关责令改正；拒不改正的，对直接负责的主管人员和其他直接责任人员依法给予处分：

（一）违反本办法第十一条规定，挤占地方各级国家农业技术推广机构人员编制的；

（二）违反本办法第十二条第二款规定，乡镇（街道）的国家农业技术推广机构的岗位安排非专业技术人员的；

（三）违反本办法第三十二条规定，抽调或者借用农业技术推广人员从事与农业技术推广无关的工作的。

第三十九条 违反本办法第二十一条第一款规定，向农业劳动者、农业生产经营组织推广未经试验证明具有先进性、适用性或者安全性的农业技术，造成损失的，依法承担赔偿责任。

第四十条 违反本办法第二十三条第二款规定，强迫农业劳动者、农业生产经营组织应用农业技术，造成损失的，依法承担赔偿责任。

第四十一条 违反本办法第二十八条第三款规定，截留或者挪用用于农业技术推广的资金的，对直接负责的主管人员和其他直接责任人员依法给予处分；构成犯罪的，依法追究刑事责任。

第六章 附 则

第四十二条 本办法自 2017 年 5 月 1 日起施行。

天津市实施《中华人民共和国农业技术推广法》办法

2016 年 12 月 15 日天津市第十六届人民代表大会常务委员会第三十二次会议修订通过

第一章 总 则

第一条 为了加强农业技术推广工作，促使农业科研成果和实用技术尽快应用于农业生产，增强科技支撑保障能力，促进本市农业和农村经济可持续发展，根据《中华人民共和国农业技术推广法》，结合本市实际情况，制定本办法。

第二条 本办法所称农业技术推广，是指通过试验、示范、培训、指导以及咨询服务等方式，把种植业、林业、畜牧业、渔业等的科研成果和实用技术，普及应用于农业生产产前、产中、产后全过程的活动。

第三条 本市支持农业技术推广事业发展，坚持依靠科技进步，加快农业科研成果和实用技术的推广应用，发展高产、优质、高效、生态、安全农业。

第四条 市和区人民政府应当加强对农业技术推广工作的领导，将农业技术推广工作纳入国民经济和社会发展规划，健全农业技术推广体系，加强基础设施和队伍建设，完善保障机制，促进农业技术推广事业的发展。

第五条 市和区农业行政主管部门负责本行政区域内农业技术推广工作的组织协调，并按照职责负责组织实施农业技术推广工作。市和区水务行政主管部门，按照职责负责有关的农业技术推广工作。

科学技术行政主管部门应当对农业技术推广工作进行指导。

发展改革、教育、财政、人力社保等行政主管部门，在各自的职责范围内，负责农业技术推广的有关工作。

第六条 市和区农业、水务、林业等部门（统称农业技术推广部门）应当根据国民经济和社会发展规划，制定本系统农业技术推广相关规划、计划，指导和协调农业技术推广体系的建设，组织推动农业技术推广工作。

第七条 市、区、乡镇国家农业技术推广机构是承担农业、水利、林业等农业技术推广工作的公益性公共服务机构。市和区人民政府应当保证国家农业技术推广机构的稳定和发展。

第八条 本市鼓励和支持培养引进农业技术推广人才和农业科技人员、高等院校毕业生到基层从事农业技术推广工作。

鼓励和支持科技人员研究开发、推广先进农业技术，农业劳动者、农业生产经营组织应用先进农业技术。

鼓励和支持引进国内外先进的农业技术，促进京津冀地区和国内外农业技术推广的合作与交流。

第九条　市和区人民政府对在农业技术推广工作中作出突出成绩的单位和个人，应当给予奖励。

第二章　农业技术推广体系

第十条　本市农业技术推广实行以各级国家农业技术推广机构为主导，各级国家农业技术推广机构与农业科研单位、高等院校、农民专业合作社、涉农企业、家庭农场以及群众性科技组织、农民技术人员等相结合的农业技术推广体系。

本市鼓励和支持供销合作社、其他企业事业单位、社会团体以及社会各界的科技人员，开展农业技术推广服务。

第十一条　各级国家农业技术推广机构应当履行下列职责：

（一）市和区人民政府确定的关键农业技术的引进、试验、示范；

（二）绿色、环保、可持续农业技术的推广；

（三）植物病虫害、动物疫病及农业灾害的监测、预报和预防；

（四）农产品质量的检验、检测、监测服务，协助做好农产品质量安全工作；

（五）农产品生产过程中的检验、检测、监测咨询技术服务；

（六）农业资源、森林资源、农业生态安全和农业投入品使用的监测服务；

（七）水资源管理、防汛抗旱和农田水利建设技术服务；

（八）农业公共信息和农业技术宣传教育、培训服务；

（九）对下级国家农业技术推广机构实行业务指导；

（十）法律、法规规定的其他职责。

第十二条　各级国家农业技术推广机构应当建立健全岗位责任制，实行绩效管理；建立健全项目管理、人员培训、考核考评、财务管理等制度。

第十三条　本市实行区农业技术推广部门统一管理乡镇国家农业技术推广机构的体制。

区农业技术推广部门对乡镇国家农业技术推广机构的人员和业务经费实施统一管理，其人员的调配、考评和晋升，应当听取所服务区域乡镇人民政府的意见。

乡镇人民政府应当支持乡镇国家农业技术推广机构开展工作，提供必要的工作条件。

第十四条　各级国家农业技术推广机构的岗位设置应当以专业技术岗位为主。市国家农业技术推广机构的专业技术岗位不得低于机构岗位总量的百分之八十，区国家农业技术推广机构的专业技术岗位不得低于机构岗位总量的百分之八十五，乡镇国家农业技术推广机构的岗位应当全部为专业技术岗位。

各级国家农业技术推广机构应当根据农业生产实际需要配备相关专业人员，并保持各专业人员的合理比例。

第十五条　各级国家农业技术推广机构的专业技术人员应当符合岗位职责要求，具有相应的专业技术水平，熟练掌握所推广的农业技术，熟悉农村生产经营情况。

各级国家农业技术推广机构新聘用的专业技术人员，应当具有全日制大学本科以上相关专业学历，并通过市或者区人民政府有关部门组织的专业技术水平考核。

第十六条　村农业技术推广服务组织、农业科技示范户和农民技术人员在各级国家农业技术推广机构的指导下，进行各项农业技术的宣传、示范和推广，为农户提供技术服务。

村民委员会和村集体经济组织应当推动、帮助村农业技术推广服务组织、农业科技示范户和农民技术人员开展工作。

第十七条　本市发挥农业科研单位、高等院校、农民专业合作社和其他企业事业单位、社会组织、个人等社会力量在农业技术推广中的作用，引导其参与农业技术推广服务。

各级人民政府可以采取购买服务等方式，实施公益性农业技术推广服务。

第三章　农业技术的推广与应用

第十八条　重大农业技术的推广应当列入市和区相关发展规划、计划，由农业技术推广部门会同科学技术等相关部门按照各自的职责，相互配合，组织实施。

重大农业技术推广通过确定重点农业技术推广项目实施，列入科技发展计划予以支持。

第十九条　向农业劳动者和农业生产经营组织推广的农业技术，必须在推广地区经过试验证明具有先进性、适用性和安全性。

第二十条　各级国家农业技术推广机构应当利用试验示范基地，通过现场会、科技示范户应用示范带动等多种形式，促进农业新品种、新技术、新装备的普及应用。

第二十一条　各级国家农业技术推广机构应当采取下乡、进村、入户、电话咨询、互联网等多种形式，提供农业技术、政策、信息等推广服务。

第二十二条　各级国家农业技术推广机构应当根据农事、农时，采取集中授课、现场观摩、学习培训、远程教育等方式，组织开展农业实用技术培训。

第二十三条　本市鼓励和支持农民专业合作社、涉农企业、家庭农场、群众性科技组织和农民技术人员，发挥自身信息、技术、市场等优势，采取多种形式，为农民应用先进农业技术提供服务。

第二十四条　农业科研单位和高等院校应当发挥人才、成果、科研等优势，通过多种形式组织科研人员深入农村，促进农业科研成果的转化。

农业科研单位和高等院校与各级国家农业技术推广机构应当密切协作，开展技术咨询、技术服务、技术开发，对农业生产中的技术难题联合进行科研攻关。

第二十五条　农业新品种、新技术需要进行审定、登记、评价的，应当依照法律、法规规定的条件和程序进行。

第二十六条　本市鼓励具备相应条件的技术评价机构向市场提供农业技术先进性、适用性和安全性评估论证等服务。

第四章　农业技术推广的保障措施

第二十七条　市和区人民政府应当将农业技术推广资金纳入本级财政预算，并逐步加大投入，推动农业技术推广工作开展。

第二十八条　市人民政府设立农业科技成果转化与推广专项资金，支持农业科技成果转化、农业科技示范推广、农业新品种新技术新装备引进、农业科技合作等项目。

区人民政府可以结合本区实际设立农业技术推广专项资金。

第二十九条　市和区人民政府应当采取措施，保障和改善区、乡镇国家农业技术推广机构专业技术人员的工作条件、生活条件和待遇，并按照国家规定给予补贴，保持国家农业技术推广队伍的稳定，不得安排国家农业技术推广机构的专业技术人员长期从事与农业技术推广无关的工作。

第三十条　任何单位和个人不得截留或者挪用农业技术推广资金，不得侵占国家农业技术推广机构的试验示范基地、工作用房、仪器设备、生产资料和其他财产。

第三十一条　乡镇国家农业技术推广机构人员的职称评定，应当以考核其推广工作的业务技术水平和实绩为主。

第三十二条　在乡镇从事农业技术推广工作连续满二十年或者在市和区从事农业技术推广工作连续满三十年的农业科技人员，由市农业技术推广部门颁发荣誉证书给予表彰。

第三十三条　市和区农业技术推广部门及国家农业技术推广机构应当有计划地组织农业技术推广人员的技术培训。培训情况作为对农业技术推广人员考核、聘任、晋升职务的依据。

第三十四条　农民技术人员经考核符合条件的，可以按照有关规定授予相应的技术职称，并发给证书。

获得技术职称的农民技术人员可以受聘在国家农业技术推广机构从事农业技术推广工作。

第三十五条　从事农业技术推广服务活动的单位和个人，可以按照国家和本市规定享受财政扶持、税收、信贷、保险等方面的优惠。

第三十六条　市和区农业技术推广部门应当定期对国家农业技术推广机构的农业技术推广效果、效益、效率进行评估，采取相应措施，不断提高农业技术推广水平。

第五章　法律责任

第三十七条　国家农业技术推广机构及其工作人员未依照本办法规定履行职责的，由主管机关责令限期改正，通报批评；对直接负责的主管人员和其他直接责任人员依法给予处分。

第三十八条　违反本办法规定，向农业劳动者、农业生产经营组织推广未经试验证明具有先进性、适用性或者安全性的农业技术，造成损失的，应当承担赔偿责任。

第三十九条　违反本办法规定，截留或者挪用农业技术推广资金或者侵占国家农业技术推广机构的试验示范基地、工作用房、仪器设备、生产资料和其他财产的，对直接负责的主管人员和其他直接责任人员依法给予处分，并责令限期退还；构成犯罪的，依法追究刑事责任。

第六章　附　则

第四十条　负有农业技术推广职责的街道办事处，参照本办法中乡镇人民政府的有关规定执行。

第四十一条　本办法自 2017 年 3 月 1 日起施行。1994 年 10 月 18 日天津市第十二届人民代表大会常务委员会第十一次会议通过的《天津市实施〈中华人民共和国农业技术推广法〉办法》同时废止。

四川省《中华人民共和国农业技术推广法》实施办法

(1996 年 12 月 24 日四川省第八届人民代表大会常务委员会第二十四次会议通过,根据 2002 年 7 月 20 日四川省第九届人民代表大会常务委员会第三十次会议第一次修正,根据 2004 年 9 月 24 日四川省第十届人民代表大会常务委员会第十一次会议第二次修正,根据 2015 年 12 月 3 日四川省第十二届人民代表大会常务委员会第十九次会议修订。)

第一条 为了加强农业技术推广服务,促进农业科研成果转化和实用技术推广应用,推动农业结构调整,转变农业发展方式,推进农业现代化,根据《中华人民共和国农业技术推广法》等法律法规的规定,结合四川省实际,制定本实施办法。

第二条 在四川省行政区域内从事农业技术推广活动的,应当遵守本实施办法。

第三条 本实施办法所称农业技术,是指应用于种植业、林业、畜牧业、渔业的科研成果和实用技术,包括:

(一)良种繁育、栽培、肥料施用和养殖技术;

(二)植物病虫害、动物疫病和其他有害生物防治技术;

(三)农产品收获、加工、包装、贮藏、运输技术;

(四)农业投入品安全使用、农产品质量安全控制技术;

(五)农田水利、农村供排水、土壤改良与水土保持技术;

(六)农业机械化、农用航空、农业气象和农业信息技术;

(七)农业防灾减灾、农业资源与农业生态安全和农村能源开发利用技术;

(八)农业废弃物综合利用、病死畜禽无害化处理技术;

(九)其他农业技术。

本实施办法所称农业技术推广,是指通过试验、示范、培训、指导以及咨询服务等,把农业技术普及应用于农业产前、产中、产后全过程的活动。

第四条 地方各级人民政府应当加强对农业技术推广工作的领导,将其纳入国民经济和社会发展规划及年度计划,健全农业技术推广体系,加强基础设施和队伍建设,完善保障机制,促进农业技术推广事业的发展。

第五条 县级以上地方人民政府农业、林业、水利等部门(以下统称农业技术推广部门),在同级人民政府领导下,按照各自的职责,负责本行政区域内的农业技术推广工作。

同级人民政府科学技术部门对农业技术推广工作进行指导,其他有关部门按照各自职责,负责农业技术推广的有关工作。

第六条 鼓励和支持研发、引进、推广、应用先进的农业技术,普及农业科学技术知识,创新农业技术推广方式方法,促进农业技术推广的国际合作与交流。

第七条 对在农业技术推广工作中取得显著成绩的单位和个人,由省农业技术推广部门会同有关部门按照有关规定给予表彰奖励。表彰奖励应当向基层农业技术推广单位和一线人员倾斜。

第八条 根据县域农业产业特色、森林资源、草资源、水域资源和水利设施分布等情况，科学合理、因地制宜设置县、乡（镇）或者区域性国家农业技术推广机构。

第九条 乡（镇）国家农业技术推广机构实行县级人民政府农业技术推广部门和乡（镇）人民政府双重管理、以县级人民政府农业技术推广部门管理为主的管理体制。

县级人民政府农业技术推广部门负责乡（镇）农业技术推广机构的政策、业务指导和人员、资产、财务管理，在征求乡（镇）人民政府意见后按规定程序任免其主要负责人。

乡（镇）人民政府主要负责综合、协调和监督、保障农业技术推广工作，配合县级人民政府农业技术推广部门共同做好乡（镇）农业技术推广机构的人才培养和使用管理工作。

第十条 地方各级国家农业技术推广机构属于公共服务机构，履行公益性职责。

县级以上国家农业技术推广机构应当履行下列职责：

（一）参与制定农业技术推广长远规划和年度计划，并组织实施；

（二）负责重大农业科技成果的推广和先进实用技术的引进；

（三）对农业新品种、新技术、新模式、新机具进行试验、示范；

（四）培育新型农业经营主体，开展农业技术指导、技术咨询、技术培训、普及农业科学知识；

（五）配合相关部门做好当地农用生产资料和农业环境保护的监督管理工作；

（六）搜集、整理、传递农业科学技术信息；

（七）对下级农业技术推广机构实行业务指导。

乡（镇）国家农业技术推广机构应当履行下列职责：

（一）参与制定农业技术推广计划并组织实施；

（二）组织农业技术宣传，培育新型农业经营主体；

（三）提供农业技术、信息服务；

（四）实施农业新品种、新技术、新模式、新机具的试验、示范；

（五）指导村农业技术综合服务站或者农民技术员及其群众性科技组织的农业技术推广活动。

第十一条 村农业技术综合服务站和农民技术员在上级农业技术推广机构的指导下，宣传农业技术知识，落实农业技术推广措施，为农业劳动者和农业生产经营组织提供产前、产中、产后技术服务。

第十二条 县级以上国家农业技术推广机构的人员编制应当根据所服务区域的种养规模、服务范围和工作任务等合理确定，保证公益性职责的履行。

乡（镇）国家农业技术推广机构的人员编制，按照当地农业产业特点与规模、服务对象数量与分布、服务半径与方式、交通状况等因素合理核定。

农业技术推广部门会同有关部门，按照国家实施的有关政策、规定等补充基层农业技术推广人员。

任何单位不得挤占乡（镇）国家农业技术推广机构的人员编制。

第十三条 国家农业技术推广机构的岗位设置应当以专业技术岗位为主。乡（镇）国家农业技术推广机构的岗位应当全部为专业技术岗位，县级国家农业技术推广机构的专业技术岗位不得低于机构岗位总量的百分之八十，其他国家农业技术推广机构的专业技术岗位不得低于机构岗位总量的百分之七十。

地方各级国家农业技术推广机构应当采取公开招聘方式聘用新进专业技术人员，新进人员应当具有大专以上有关专业学历。

自治县、民族乡和国家确定的连片特困地区，可以按规定聘用具有农业技术推广相关专业的中专及以上学历人员。

第十四条 县级以上农业技术推广部门应当制定农业技术推广规划和年度计划，并报同级人民政府同意。重大农业技术推广应当列入当地经济社会、农业农村、科学技术发展规划与计划，由农业技术推广部门会同有关部门组织农业技术推广机构实施。

第十五条 地方各级国家农业技术推广机构向农业劳动者和农业生产经营组织推广农业技术，实行无偿服务。

第十六条 发挥市场主体在农业技术推广中的作用，采取政府购买服务等方式，支持引导社会力量参与农业技术推广服务。

第十七条 国家农业技术推广机构以外的单位及科技人员以技术转让等形式提供农业技术的，可以实行有偿服务，其合法收入、知识产权受法律保护。进行农业技术转让、技术服务、技术承包、技术咨询和技术入股的，当事人各方应当依法签订合同。

第十八条 地方各级人民政府引导、支持农业科研单位和有关院校开展公益性农业技术推广服务。

农业科研单位、有关学校、农业技术推广机构应当加强联系合作，围绕农业生产技术问题进行研究，加快成果转化，其科研成果可以通过有关农业技术推广单位进行推广或者直接向农业劳动者和农业生产经营组织推广。

第十九条 推广的农业技术，应当具有先进性、适用性和安全性，选择有条件的农业劳动者和农业生产经营组织、区域或者工程项目，进行应用示范。

第二十条 鼓励和支持供销合作社、其他企业事业单位、社会组织以及社会各界的科技人员，面向社会开展农业技术推广服务。

鼓励农场、林场、牧场、渔场、水利工程管理单位、农民专业合作社等新型农业经营主体开展农业技术推广服务。

第二十一条 鼓励和支持农业劳动者和农业生产经营组织参与农业技术推广。

农业劳动者和农业生产经营组织在生产中应用先进农业技术的，有关部门和单位应当在技术培训、资金、物资和销售等方面给予扶持。

农业劳动者和农业生产经营组织自愿应用农业技术，任何单位或者个人不得强迫。

第二十二条 县级以上地方人民政府教育、人力资源和社会保障、农业、林业、水利、科学技术等部门应当支持农业科研单位、有关学校开展有关农业技术推广的职业技术教育和技术培训，提高农业技术推广人员和农业劳动者的技术素质。

农业技术推广部门应当对农业技术推广机构的专业技术人员定期组织培训。

县级和乡（镇）农业技术推广机构应当采取多种形式，组织农业劳动者学习农业科学技术知识，提高农业劳动者的科技素质和应用农业技术的能力。

第二十三条　地方各级人民政府应当将农业技术推广资金纳入同级政府年度财政预算，并按规定逐年增长，保证农业技术推广工作正常开展。

第二十四条　地方各级人民政府应当整合涉农方面的专项资金，统筹用于实施农业技术推广项目，从下列资金中确定适当的比例，建立农业技术推广专项资金：

（一）国家和地方的财政拨款；

（二）国家和地方农业发展基金；

（三）国家扶持的区域性开发和基地建设资金、农业综合开发资金；

（四）其他涉农资金。

第二十五条　农业技术推广专项资金的筹集、安排、使用及管理情况应当接受审计机关的审计监督。

第二十六条　地方各级人民政府应当保障和改善县、乡（镇）国家农业技术推广机构专业技术人员的工作、生活条件和待遇，并按照相关规定给予补助。

对农民技术员协助开展公益性农业技术推广活动的，按照规定给予补助。

第二十七条　县、乡（镇）、村农业技术推广工作的专业技术人员的业务水平和工作实绩纳入职称评价体系。

第二十八条　地方各级人民政府应当采取措施，保护国家农业技术推广机构使用的试验示范场所、办公场所、推广和培训设施设备等。

第二十九条　任何单位或者个人不得截留、挤占、挪用农业技术推广资金，不得侵占、挤占农业技术推广机构的办公场所、设施设备、试验示范场所、生产资料等资产。

第三十条　县级以上农业技术推广部门应当对农业技术推广服务工作进行监督指导和绩效评价。

地方各级国家农业技术推广机构应当建立和完善技术推广人员岗位责任制度和绩效考评制度。

对乡（镇）国家农业技术推广机构的人员实行县级农业技术推广部门、乡（镇）人民政府共同考评，将服务对象对农业技术人员的评价纳入考核内容。

第三十一条　从事农业技术推广服务的，符合相关条件，可以享受国家规定的财政扶持、税收、信贷、保险等方面的优惠。

第三十二条　违反本实施办法规定，侵占、挤占农业技术推广机构资产的，由有权机关追回相关资产，并对直接负责的主管人员和其他直接责任人员依法给予处分；造成损失的，依法赔偿。

第三十三条　违反本实施办法规定，截留或者挪用用于农业技术推广的资金的，对直接负责的主管人员和其他直接责任人员依法给予处分；造成损失的，依法赔偿。

第三十四条　违反本实施办法规定，法律、法规已有规定的，从其规定。

第三十五条　本实施办法自 2016 年 1 月 1 日起施行。

图书在版编目（CIP）数据

全国水产技术推广体系发展报告.2007-2016／全国
水产技术推广总站编.—北京：中国农业出版社，
2018.6
　　ISBN 978-7-109-24635-5

　　Ⅰ.①全…　Ⅱ.①全…　Ⅲ.①水产养殖－技术推广－
研究报告－中国－2007-2016　Ⅳ.①S96

　中国版本图书馆 CIP 数据核字（2018）第 217979 号

中国农业出版社出版
（北京市朝阳区麦子店街 18 号楼）
（邮政编码 100125）
责任编辑　王金环　郑　珂

中国农业出版社印刷厂印刷　新华书店北京发行所发行
2018 年 6 月第 1 版　　2018 年 6 月北京第 1 次印刷

开本：787mm×1092mm　1/16　印张：11.75
字数：350 千字
定价：58.00 元
（凡本版图书出现印刷、装订错误，请向出版社发行部调换）